解決別人沒看見的問題，讓你的工作表現飆3倍

做對小事，聰明工作

LOW-HANGING FRUIT

77 Eye-Opening Ways to Improve Productivity and Profits

傑洛米·伊登 *Jeremy Eden* 泰莉·隆 *Terri Long* ｜ 著 簡萱靚、許琬翔 ｜ 譯

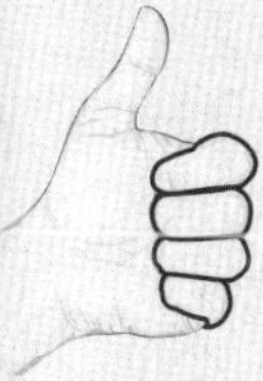

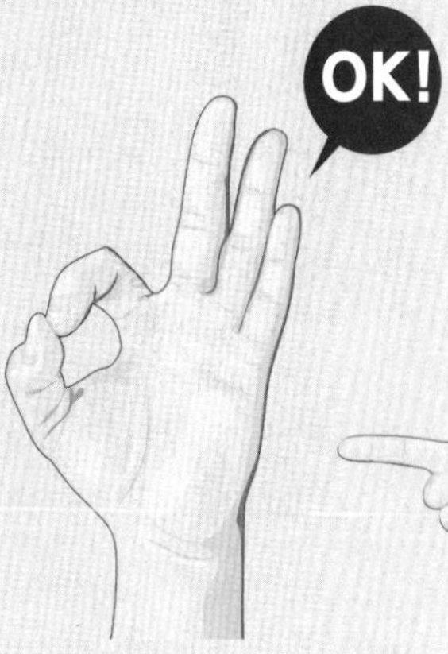

目錄 CONTENTS

PART 2

既然看見問題了，動手解決吧！ 63

PART 3

鼓勵團隊採集低垂的果實

107

PART 7

需要更多時間？找時間比你想像中更容易！ 193

致謝

身為利潤採收集團（Harvest Earnings Group）的共同執行長，一天到晚有人問我們，要如何協力經營公司。我們總說，一起擔任共同執行長真的很棒！聽過「人多智廣」這句話吧？確實如此。公司或部門的領導人，應該時時自省，別被自尊心蒙蔽。若與自己尊敬的人一起經營公司，自然會時時自省，提醒彼此保持理性清醒。大家總說我們怎麼有辦法意見如此一致，但事實是，我們在管理上有時是陰陽互補。這方法對我們就是管用，如果沒用，利潤採收集團和這本書就不會存在了。

我們知道應該從善如流，在此感謝家人體諒我們寫書的辛苦，耐心等候遲來的晚餐——但這並非事實。在寫作期間，每一頓晚餐仍準時上桌。不過，我們仍要感謝我們的另一半南西・瑪德與喬・隆的無盡支持。感謝女超人南西發揮她的超能力為我們校稿，任何文法錯誤、錯字甚至是多一個空格，都逃不了她可怕的法眼。話說回來，當了一整天的法律教授後，誰不想回家校閱這本書呢？至於喬，如前面說的，他大部分日子都準時吃到晚餐，一路走來還提供了不少實用建議，比如：「封面就選個現成的模版來用就好啦！」

感謝泰莉的孩子喬伊和莉莉，他們不斷提供有趣的故事，讓我們無法專心寫作；不管是足球場上、舞臺上、申請大學的事，還是單純的閒聊打發時間，你們都讓我們的日子充滿快樂。我們也要感謝潔妮和她的老公陶德，這兩人真該立刻搬去芝加哥。

我們一定要感謝傑洛米的爸媽柏特·伊登與裘蒂·伊登，他們幽默、熱情又充滿好奇心，而且非常愛舉例！他們是我們的頭號支持者，頻繁與我們往來電郵，提供許多好點子，也以鼓勵的方式，為本書的初稿提供了詳盡的評論。

感謝傑洛米的手足愛咪，以及泰莉的手足班與珍，閱讀本書初稿並提供他們的觀點。愛咪是社工人員，珍則是心理師，兩人的領域都與商管無關，但皆表示本書的建議對他們十分實用！感謝珍告訴我們書中章節「分得不明確」，但請別再對泰莉說：「你絕對不可能搞砸」了（詳情請見第七十一章）！

我們也有幸能認識許多很棒的同事與朋友，你們知道我們在說誰。特別感謝阿尼路特、貝絲、卡蘿、高登、亨利、吉姆、卡爾、洛夫以及李察、羅賓、羅珊、莎拉、夏儂、尚恩、史蒂夫以及尤朗。

感謝湖濱出版社（Waterside Productions）的創辦人比爾・葛來斯頓，以及我們在約翰威立出版社的責任編輯李察・納拉摩爾，謝謝你讓我們毫無機會說自己跟Ｊ・Ｋ・羅琳一樣，吃了無數次的閉門羹！你在第一時間就相信了我們。我們也要感謝約翰威立團隊的羅倫、梅莉莎、彼得與蒂芬妮。

感謝許多全球頂尖公司的執行長與高階主管，願意信任我們將本書中的作法，實際運用在他們的團隊上。我們實在與太多很棒的人合作過，即使只簡單列出幾人為致謝代表，也無法完整表達我們的謝意。如果我們是在奧斯卡頒獎典禮上致謝，此時一定早就大聲奏樂，要把我們趕下舞台了。

最後（但絕不是最不重要的！）我們要感謝世上有這麼多人，每天想著要如何讓公司更好、顧客更開心。我們要感謝與我們合作過、且順利達成此目標的上千位管理者，與你們合作的過程，我們受益良多並樂在其中。而我們的目標，就是要讓你們也有所受益且樂在其中！

前言　為何低垂的果實這麼難發現？

我們所稱的管理，有太多只是在妨礙人做事。

——彼得・杜拉克（Peter Drucker）

行李箱裡的沙子

這本書談的是各種挫折，這些挫折你可能也遇過。

我們有幸與許多來自頂尖公司的成功執行長共事，他們都真心想實現「人才是我們最重要的資產」這句話，不是講講而已。無論我們前往什麼地點、面對的是哪個層級，都常聽到這些公司的員工說：「總算有人願意聆聽我們的意見，讓公司更好了。」這些人釋懷的模樣，始終讓我們感到震撼。

過去幾年，全球各地的公司雖然不斷擴增規模，卻沒有變得更好；事實上，多數公司是規模越大越退步。儘管科技進步神速，卻沒有讓工作變得更簡單。員工都覺得自己比以前還要賣命工作，但公司的腳步卻遲緩如蝸牛、毫無創新，比起創造利潤，反倒更注重權力鬥爭。如果你愛你的公司與工作，卻得心懷沮喪地天天面對這些有礙生產力與營收的障礙，本書就是為你而寫的。

想像一下：你正準備打包出門度假，細心地將所有必需品放進行李，準備拉上拉鍊時，發現拉……不……起……來！怎麼辦？坐上行李，用全身重量加壓，應該就有機會拉起來了吧？如果這樣也不行呢？你有兩個選項，但兩個都不討喜——買個大一點的行李箱，否則就得跟你需要隨時攜帶的東西說掰掰。

工作也是一樣的——要不花錢解決問題，不然降低要求，與問題和平共處。回到你放棄帶齊所有必需品這件事上。

問題在於除了必需品外，你還塞了空氣進去，而且是非常多的空氣！空氣看也看不見，更不會是必需品，但無論如何，你還是帶上它了，導致行李箱空間變少，給你造成麻煩。你該做的事情，是把不需要的空氣抽掉，而不是丟下你少不得的衣服。

你當然試過減少行李內的空氣：你坐上行李箱，用全身的重量擠壓；你可能還會把衣服捲起來（這樣能把空氣擠出去）。但說實在的，你很快就會放棄，邊抱怨邊決定還是多花八塊錢，在飯店送洗那件襯衫。

空氣力量很大，大到能支撐輪胎，承受超大型汽車與卡車的重量。而且它不只力量大，還無孔不入，能鑽進任何空間裡。

不過空氣之所以會變成打包行李時的頭號敵人，是因為空氣是隱形的！我們看不見它，自然就不會想到要解決它。想像一下，如果行李裡塞滿的不是空氣，而是紅沙，你一定會拚了命地把紅沙通通弄掉！事情很可能就因此圓滿落幕，不必妥協了事（例如花八塊錢只為了洗一件襯衫），也能避免掏錢付不斷漲價的行李托運費。

公司就是在工作過程中「打包進空氣」，而且數量很多！加上主管和公司的管理方法通常也太早就宣告放棄，沒堅持把空氣擠出。對，如果空氣有一個熱氣球那麼大、那麼多，大家很可能會注意到。可是，這裡一點、那裡一點地散佈在每個工作環節與活動間的空氣呢？工作環節一多，這些空氣也會跟著變多！

我們協助過上千位公司領導人籌資創新、提昇效率、改善客戶服務、刺激生意成長……等等，方法無他，就是幫他們把這些「行李裡的隱形空氣」變成「紅沙」。

你想得到的每個商業環節與活動，幾乎都在為你打包空氣：浪費時間和金錢，逼你屈就不好的解決辦法。

管理作法幾十年來毫無變革，該是來個大翻修的時候了。上次管理方式有大幅度進步，是發明出「精實法」（Lean）與「六標準差法」（Six Sigma），兩者現在大多統稱「精實六標準差法」（Lean Six Sigma）。這些管理法則納入科學方式，以提升生產力與利潤。然而，要實行精實六標準差法，需要投入大把資源與時間，儘管對少數大型專案來說很實用，卻不適合用來剔除深埋在每個組織裏的空氣。我們傾向把它想成是適合用來運算大數據的伺服器叢集（server farm），而許多公司其實是缺乏用來解決日常問題、筆電等級的管理措施。

本書提供實際解決方法，讓你不再塞進多餘空氣！方法大多很簡單，不需要花大錢、使用先進科技，也扯不上什麼希臘字母（沒錯，六標準差法，就是在講你！）。跟著我們採取這些行動，日子就會有所不同；你不只能為公司帶來更多收益，還能從工作裡獲得更多成就感！

那麼，就輪到你囉！我們親眼見證，無論是公司裡的無名小卒和核心人物，抑或美國中西部的生產線工人，以及遠東地區的全國經理，採取行動後都產生驚人的成效。本書隨手一翻，都能找到個人或團體皆能立即採行的方法，今天就開始吧！

低垂的果實

我不奢求一次跳七英呎遠，只就近找目標，一步一英呎。

——華倫．巴菲特（Warren Buffett）

你很清楚「低垂的果實理當容易採收」這句話的通俗意義：能為你輕鬆增加盈餘，且不用多承受風險的方法。許多經理人在致力降低成本多年後，相信自己早就採到低垂的果實了。倘若果實真的這麼好摘，應該早就到手了，對吧？錯了。遺憾的是，降低成本往往採不到低垂的果實，反而像是搞不清楚枝頭上還有什麼，就貿然裁剪樹枝。真正的低垂果實，就是你觸手可及摘得到的。過去幾十年以來，我們不斷見證摘採低垂的果實，遠比戰略性轉型、全企業系統等公司依賴的大企畫案來得更有效果，風險也更低——那樣的果實才稱得上好摘啊！

低垂的果實有大有小，價值從上百萬到數千元都有，如果能統統採到，絕對會為你帶動大幅成長！本書就是要協助你盡可能多摘一點！

人類靠著採集征服世界——現在換你採集點子、征服公司了！

集思廣益力量大。

——古諺

人類是怎麼統治地球的？其他動物還在獵捕食物時，只有我們人類已經學著採集。

早期人類想吃東西時，狩獵是個顯而易見的選擇。狩獵既困難，風險又高，要行動就得大幹一場才划算。問題來了：大型行動既可怕又危險，只有部落裡最強壯勇敢、技巧高超的人能夠參加，大家得依靠少少幾人過活。獵手出發時或許信心滿滿、大張旗鼓，但結果往往比想像中來得更費時、收獲更差，還造成更多傷兵。當一地的獵物被捕光後，獵手得前往更遠的地方，深入未知領域，導致獵捕更困難，食物也更稀少。

這故事聽起來，就跟公司期望讓盈餘「大豐收」的大型計畫一樣。企業重整、採用資源規劃系統（ERP system）、進行預算刪減計畫等，就是公司的大型獵捕行動。高層主管滿心期待地發起這些計畫，跟古代的獵人一樣信心滿滿、壯志躊躇。他們精選出一批專家出任務，執行團隊在旁監控，等著大豐收那天的到來。有時候一切皆按照計畫走……就像我們有時也會花小錢中大獎，不過這種事並非天天都有。就像在電影「阿呆與阿瓜」中，當羅伊聽到美女瑪麗回答他，彼此只有百萬分之一的機會在一起時，他的反應是：「所以，妳是在告訴我，我有勝算……帥啊！」（仔細想想還挺諷刺的，「阿呆與阿瓜」裡面的臺詞，竟能拿來描述人類如何征服地球！）

大型計畫費時較長，存在非預期風險，報酬率也遠不如預期。換句話說，成功機率不比羅伊來得高。

人類學會採集後，一切為之翻轉。安全的小型行動取代了危險的大型行動，穀物取代了動物。同一塊地能重複使用，不需要遷徙到新的獵場，以前是少數人狩獵，現在變成由多數人務農。

採集需要所長各異的眾人共同合作，工作的環境比打獵來得更安全且容易。富裕強盛的人類文明因此建立，凌駕原先的狩獵聚落，一切再也不同以往。

現代的經理人還是太依賴狩獵行動，一心期望靠著大型計畫大賺一筆。這樣也不是不行，畢竟如果有機會大幹一場，的確該試試……但小心為上。

問題出在經理人忽略了採集的效果。大公司裡的員工，能貢獻出上千個小型點子，讓公司不用冒險就能賺錢——我們親眼見證過，知道他們做得到。想像一下，有公司靠著員工這裡看一看、那裡擠一擠，找出一千多個藏著空氣的地方；雖然每個地方只能多賺十萬美金，全部加起來，卻能幫公司多賺進一億美金，而且一點風險也沒有。小公司也一樣，只不過規模小一點。這就是我們稱為「採集點子」的力量。

大幅增進採集點子的收益

農夫若想豐收，就得犁田、播種、施肥與採收。接下來，還要把穀物打包出售才能賺錢。

換到商務革新的領域，公司若想賺上一筆，領導人必須先備齊六大條件：提供解決問題的技巧、員工有上進心、各單位要合作無間、下決策要快、有能力實踐計畫，還要建立究責制度以創造亮眼的實際效益。

我們以上述要素為依據，請各家公司的執行長給自己公司評分，結果常常聽到：「我們公司很多項都做得很好，拿個B實至名歸。」他們的評分結果，差不多都長這樣：

提供解決問題的技巧	80%
員工上進心	90%
各單位合作無間	75%
快速下決策	85%
實踐計畫的能力	90%
建立究責制度以創造亮眼實際效益	85%
平均分數	85%＝B

他們究竟該拿幾分？這麼說吧，他們絕對不想要自己的小孩拿著同樣的成績回家！

一家公司「採集點子」後的總產值究竟有多少，取決於各階段收獲的**加乘結果**，而不是平均結果。若要取個響亮的商業名詞，就稱它為**點子收益乘數吧！**如果只有八十%的人具有必備的解決問題能力，當中又只有九十%的人有動機採取行動，就表示總共只有七十二%的人既有能力、又有動機（八十%乘以九十%等於七十二%）。如果這七十二%的人，僅在七十五%的時間能達成必要合作，那麼公司只有五十四%的時間是有動力、有能力又合作無間的！繼續算下去，如果八十五%的點子能在快速的決策制定過程中被採納，當中九十%以足夠的能力付諸實踐，又只有八十五%的成效轉換為實際金錢，那麼總體效果就只有……三十五%！

這樣的成績如何？鐵定不及格！

這叫直接死當，除非我們根據平均狀況調整分數，畢竟幾乎所有公司的收益都這麼低！

每個環節漏一些，累積起來的流失總額就非常可觀！若是在工廠，物料漏了很容易被察覺；不幸的是，從未付諸發展或獲得認可的想法，就像被打包進行李的空氣一樣，在組織裡通常都隱形難見，因此直到主管採用更好的流程前，總流失量是看不見的。

所以，公司在每個環節分別得拿到幾分，總成績才能拿到實實在在的B，也就是八十五%呢？答案是，每個環節都要實踐到九十七%才行！如果你想拿A，讓收入成為目前的三倍，那麼每個環節就要超過九十九%才夠。

好消息是，雖然可能有點難以置信，不過對於多數公司來說，要在每個環節大幅改進點子採集的效率其實不難。

我們知道你還是有點摸不著頭緒，但讓我們用下列副標為這個章節作總結吧：本書將幫助您從F進步到A，為您帶來三倍的收益！

PART 1 如何發現低垂的果實

發現問題比解決問題更難

想找到低垂的果實，拿一把短梯子就行了！我們有幸在短短幾個月內，協助多家來自各個產業、名列《財星》千大企業的公司解決上千個問題。這些公司向華爾街宣布，他們的解決方案能帶來上千萬、甚至上億美元的盈餘，最終結果甚至還多過原先宣布的數字。

講保守點，這種成果實在**不多見**，多數公司的進步幅度遠低於此。我們看過上千名經理人想出超過十萬個良好的解決方案，知道有個關於「創新」的傳說並非事實：創新並不需要**過人**勇氣與**超凡**想像力。本書第一部分中有許多方法，能幫助你和你的團隊想出該如何改善公司，並強化解決問題的能力。

你可能以為，要看見值得解決的問題很簡單。這個嘛，有時不難，但有時需要換個視角才看得到。舉例來說，想像有個電話客服團隊花了很多時間、金錢及精力，來改善處理客戶抱怨與問題的方法，因為做得太好了，凡有人打來反映問題，最後都會變成忠實客戶。聽起來很厲害，對吧？他們看見並解決了很多問題。

對這個團隊來說，該解決的問題，就是沒妥當處理、心懷不滿的客人。他們從自己的觀點看事情，想著：「客人不開心地打電話過來時，我該怎麼辦？」

但這個問題問錯了。真正該解決的問題，應該是如何**預防**客人打電話來。客訴就算處理得再好，也遠不及直接預防客人打來抱怨。

你會發現第一部分的內容中，有許多發現低垂果實的辦法，都是從原先的角度看不到的。

解決問題就是這樣

> 你得先相信了才看得見。

打包行李時總會裝進一堆空氣，原因很簡單：因為**看不見**。記得我們說過，如果不是空氣而是紅沙塞滿行李箱，你一定會馬上想辦法弄掉嗎？**解決**問題的第一步，是**正視**問題。

你如果真心相信身邊藏有許多問題，看見問題的機會就大多了。如果不相信，就會看不到。

請試著找出以下情境哪裡有問題：銀行得寄幾封透支通知書出去，它們只能靠郵寄，沒更好的辦法了。高效率的業務執行團隊買了最便宜的紙和信封，選擇最有效率的影印方式、最便宜的郵資，更盡量縮短待寄名單，依法不需寄的就不寄。

你看到他們該試著解決什麼問題了嗎？

請準備好了再往下看。

紙本通知確實該寄，但沒必要用信封啊！問題就在於，公司為了寄這些必要的通知，花了數十萬美元在信封上。

上述的信封故事，簡單示範了該如何好好解決問題。我們從錢著手，發現花了數十萬美元買信封，再由此看到了常被忽略的問題——我們買信封、寄信封，是因為找不到方法避免；若有其他作法，就不會買信封、寄信封。我們就稱它為問題，就算還不曉得怎麼解決也一樣。

接著就要問，為什麼必須使用信封？答案很明顯，因為透支通知書內含機密資訊，得裝進信封才能保護隱私。

這個答案看似合理，但在放棄前，我們要先問：「真的是這樣嗎？」為了確認，我們與賣紙張、信封與提供郵寄服務的廠商談談，藉此帶來一些新觀點。唉呀呀，沒想到跟幾家談過之後，我們發現有家廠商設計了一種能把明信片紙黏起來的黏膠法，郵寄過程中沒人看得到紙上的資訊。

啊哈！原本連想都沒想到的問題，現在竟有實際的解決辦法了。廠商告訴我們，那種明信片就是專門設計來讓人免用信封，降低郵寄私人資訊時的整體成本。

結果，公司就這樣省下了數十萬美元！

CHAPTER 1

為每樣東西標上價錢，停止浪費

解決問題從追究錢怎麼花開始。銀行的問題不是「我們浪費信封」，而是「我們在信封上花了數十萬元」。

追究花費能把既有的做法，轉變為無法忍受的問題。想像看看以下狀況：貴公司做的所有事情，都標上了價格——我們真的是指貼上標價牌——每份報告上的每一段，都標明了這段文字背後的產出成本；每筆交易的每項紀錄，都標明了背後的交易成本。那會是什麼樣子？

管理者若有意願把事情做好，一旦有這些新資訊，便會從「我們就是這樣做事的」，變成「天哪，為什麼這麼貴？」或「夭壽，這太貴了啦！」

意識到每樣東西的價格，能幫助公司專注在重要的問題上。有兩家公司根據名單發送行銷廣告，但名單上只有百分之八十五的訊息正確無誤，表示發出的廣告中，有百分之十五不會確實送到目標族群手上。

兩家公司是否都該解決這項問題？回答之前，得先看看花了多少錢。第一家公司透過電子郵件發送廣告，即使東西送到非目標族群手中，造成的多餘成本非常低。第二家公司把廣告印成手冊寄出，成本高達數百萬元。

透過追究花費，我們就知道第一家公司沒有太大的問題，但第二家公司的問題可就大了。

一般來說，這些花費都沒有真的做出實體標價，僅是試算表上的欄目。有位科技業主管曾苦思該如何引起大家重視，後來他出門買了一盒標籤，接著將產品拆解開來（連螺絲都一一卸下），然後給每個零件標上價格，甚至把該零件運送到客戶手上的費用都算進去。工作小組下一次開會時，這位主管趁著工程部、研發部、生產部、行銷部、業務部、物流部、財務部門代表統統在場，把所有附上標價的零件在會議桌上一字排開。

大家的反應如何？一片死寂。沒人知道原來一個產品竟然包含了這麼多項零件，當然更沒概念有些零件雖然完全無助於提升客戶體驗，成本卻如此高昂。

有位主管對於公司要做數不清的報告感到非常挫敗，於是他決定霸佔一間大型會議室，裡面塞滿公司所有的例常報告書，一疊又一疊的報告看得大家心驚。接著他請財務部給每份報告貼上便條紙，標明該份報告的成本。

每份報告的成本都嚴重過高，他接著訂出開放時間讓主管們來參觀！

這不就是拿**沙子**替換掉行李裡的**空氣**嗎？

短短幾週內，公司就靠著減少、簡化或自動化這些報告，省下了數十萬元。

CHAPTER 2

對產品進行「價值工程」，去除顧客不願意付錢的部分

價值工程是個很強大的流程，能幫助公司發現與減少產品或服務過程中，公司得花錢、但客戶不重視的部分。舉例來說，食品經過價值工程後，成份或包裝可能會大幅改變，既為公司省錢，又能保持、甚至增進顧客滿意度。

我們並不是要你偷工減料，卻賣同樣的價格。

某家國際頂尖的食品公司就能當作最佳範例。多年以來，這家公司藉由生產番茄醬獲得龐大利潤，醬裡有香甜多汁的番茄切塊，深受顧客喜愛。

但公司並未就此滿足，管理團隊執行了一項完整的價值工程計畫，想知道哪些成份與包裝的成本，高於顧客願意支付的價格。

計畫進行期間，他們到工廠問作業員有何不滿，一人提到較大的番茄切塊會導致機器阻塞，必須關機清理。一年下來，這造就了數十萬元的清理成本。

現在，大的蕃茄切塊被標上價格了——不只是原料費用，還包含了關機清

理生產線的支出。品牌經理接著調查消費者是否真的覺得大切塊比小切塊好，還是根本不想要切塊。

經過有效率的測試後，他們很快發現，消費者其實比較喜歡滑順的口感！透過給產品的每個要素標價，他們發現用小切塊取代大切塊，每年能省下至少五十萬美金，還能提高消費者滿意度！

反向價值工程也是能獲得洞見的強大流程。首先，設定一個會讓競爭對手大吃一驚的目標價格；再來，決定成本要降低多少，才能滿足新價格又維持現有毛利。

接著向價值工程小組下戰帖，請他們在降低至目標成本的同時，維持或增進顧客滿意度。

CHAPTER 3

連問五次「為什麼」，才能看見真正的問題

最重要的事，就是別停止發問。

——愛因斯坦（Albert Einstein）

為了瞭解世界如何運作，科學家願意窮追不捨地一再問：「**為什麼？**」科學方法為我們帶來的空前進步，是短短幾年前的我們還無法想像的，更別提幾十年前了。

商業界開始系統化採用科學方法提升績效時，業界人士發現他們得訓練經理人問：「**為什麼？**」

遺憾的是，我們多數人從小就被教導：「別再問了。」大家都知道「好奇心殺死一隻貓！」

我們不發問的原因很多。有時是出於自我幻覺——即便不懂，我們也以為自己知道答案。有時則是出於恐懼，不想被人知道自己不懂。其他時候則是出於

禮貌，不想一直追問害對方顯得無知。

逼自己一直問為什麼，直到對方回答：「我不知道。」通常問到第五次，對方就會投降了——這也是著名的「五問法」的由來——接著再去找答案。到這個階段，你才真的有所進展，有望找到真正該解決的問題。

商業界花太少時間找到真正該解決的問題，又花太多時間在處理毋需解決的問題上。

你要一問、又問、再問，「為什麼會這樣？」它能幫助你深入事件，瞭解核心問題究竟何在。沒錯，一開始可能會覺得不太舒服，可是一旦習慣了，就能輕易豁然開朗。

想獲得更多資源，又不想多花錢嗎？五問法正好能實現你的願望！一家享譽全球的投資銀行，頗有效率地提升百分之五十的銷售額，而且全程從未增聘業務員。經理人就是利用了五問法，提升了業務員的效率。以下是其中一例：

「**為什麼**我們不能多打幾通銷售電話？」

「**因為**根據研究，我們的業務員一天只有三．五個小時能拿來打電話，期間他們能打的電話就是這麼多。如果想多打幾通電話，就得多僱一些人。」

「**為什麼**他們一天只有三．五個小時能打電話？」

「**因為**根據同一份研究，我們發現他們剩下的四．五個小時，都得去做其他事情，例如：一、研讀研究結果，為打電話做準備。二、處理現有客戶的交易需求與問題。三、往返客戶所在地。四、參加內部銷售會議。五、參加內部行政會議。六、追蹤銷售佣金。」

「**為什麼**他們要花這麼多時間研讀每日研究結果？」

「**因為**我們做的是全球頂尖的研究，是業務員的優勢所在，但研究報告非常詳盡，得先讀上兩個小時，才有辦法讀通並把關鍵內容用在電話銷售上。」

「既然只需要幾點關鍵內容，**為什麼**研究部門還要給你們這麼冗長的詳盡資料？」

「**因為**他們的報告不是只給我們看，所有同仁都要看，而且他們的每日報告一向都非常詳盡，這樣大家才能各取所需。」

「**為什麼**他們不整理成其他人也用得上的單頁概要就好？」

「**因為**……嗯，我不知道他們肯不肯，沒人問過。或許可以！」

故事結局皆大歡喜，研究部門沒有想到，就日常業務所需，一頁大小的概要就夠用了，而且這也比撰寫一大份報告來得容易。銷售部門運用五問法，得到自己需要的大綱，也讓其他人跟著改變，於是一天多出兩個小時來打電話。就這樣，他們一毛錢也沒花，直接提升了百分之五十的銷售力！

CHAPTER 4

追問「怎麼確定真是如此？」

讓我們陷入困境的不是無知，而是看似正確的謬誤論斷。

——馬克・吐溫（Mark Twain）

問了**為什麼**之後，很可能會得到這樣的答案：「因為……」。這個**因為**通常都說得言之鑿鑿，似乎難以辯駁，畢竟你問的對象懂得多又受人尊敬。

困難的部分來了，請教他：「怎麼確定真是如此？」之所以要這麼問，是因為大家相信的許多事，往往並非屬實。這不是因為大家愚笨、懶惰或遭到誤導，事實正好相反。在日理萬機、壓力重重的職場上，聰明絕頂、勤奮努力的人在面對自己不懂的事情時，得靠著自己所知來做出最佳決策，很多時候這些決策也夠好了。

但其他時候，這些決策就是一場錯誤。事情往往能獲得確認，輕鬆到令人訝異，但如果不先問「怎麼確定真是如此」，你就不會想到該去確認。就算覺得不需要，也照樣問自己這個問題。一開始可能覺得彆扭，但就跟問為什麼一樣，你很快就會習慣問：「怎麼確定真是如此？」

以下場景大概不會讓你覺得陌生。我們親眼目睹零售部執行副總（簡稱EVP）與零售業務資深副總（簡稱SVP）這場對話：

EVP：「我們的兼職員工流動率一直很高，而且還越來越高！為什麼會這麼高？」

SVP：「因為兼職員工想要員工福利，一旦找到提供員工福利的工作就會跳槽。」

EVP：「我們來做個成本效益分析，看看提供兼職人員福利可不可行吧。」

SVP：「我會叫團隊成員檢視各種計畫，再看看對手都怎麼做。」

這種對話天天上演。乍看之下很合理，其實有個大問題。

猜到問題出在哪嗎？（提示：關鍵問題**沒有**被提出。）

拉回上一幕，零售業務資深副總接著成立「兼職人員福利調查小組」，成員包括業務副總、人資部總裁（一般事務）、人資部副總（員工福利）、資深外地主任及副財務長等人。

零售業務資深副總提出以下指示：「請大家協力提出一份兼職人員福利計畫。我們想知道對手都怎麼做。當然，也請附上成本效益分析結果，越詳盡越好，因為這計畫很花錢，出錯損失就大了。」

團隊於是展開工作，花了好幾個月確認分析無誤。長官聽完幾次簡報之後，決定公司要提供兼職人員福利。好了，過了一年，幾百萬也花了，分析報告指出，兼職人員的流動率……上升了！

好啦，問題出在哪？

問題就在於零售部執行副總當場相信那個信心十足的回答：流動率高是因為缺乏員工福利。他沒有提出那個簡單、重要、能改變工作文化的問題。對話應該要這樣進行才對：

EVP：「你怎麼知道？」

SVP：「我手下的經理一天到晚跟我這麼說，他們是從員工那裡聽來的。星巴克也大膽提供兼職人員福利，成效很好。」

EVP：「能知道這種傳聞是不錯，但這件事攸關緊要，我要百分之百確定。你去看看我們是否還忽略了什麼。我們來進行快速調查，找出問題癥結……或找幾個人簡短面談一下。你可不可以跟人資部合作，在下個月的員工會議上跟我簡報結果？」

一個月後……

SVP：「嘿，老闆，我們大部分的兼職人員都有小孩（以媽媽居多），而且能透過配偶享有所需的福利。他們其實是需要早上能帶小孩去上課，還有下午能在三點半之前下班，等孩子回家。我們的兼職員工班表都排得太可怕，特別是一大早和傍晚都有訓練課程，所以才留不住人。只要把訓練時段都排在學校的上課時間內，我們有信心流動率能降低百分之七十五。」

EVP：「太好了，這簡單多了，也不怎麼花錢。做得好！」

問完「**為什麼？**」之後，接著就該問「**你怎麼知道？**」

很多時候就是因為從來沒人問為什麼，公司才會決定大費周章做一堆事。上面這位副總，就是因此做錯了事還渾然不覺。

許多公司都盛行我們稱為**不容無知**的公司文化，不能回答任何人「我不知道，得研究一下」，對老闆更是免談。這種無法忍受無知的文化，得到的回答全是錯的！

我們知道，質疑別人的回答感覺很彆扭，但唯有這樣才能追得真相。何不改變風氣，以事實為重，多問：「你怎麼知道？」若沒得到以事實為根據的答案，可別輕易滿足。

以「為什麼？」與「怎麼確定真是如此？」，破除企業迷思

我們所知的每家公司，都有導致無法增進生產力與提升利潤的企業迷思。可惜的是，這些迷思都沒列在員工手冊裡！

若要當個真格的企業迷思終結者，首先注意這種說法：「這有違公司政策」、「我們不這樣做事」。接著找到你能接觸的最高層主管，問他這些說法是否屬實。

我們曾詢問一家大生產商的廠長，是否考慮把需要動用資金的點子，納入給執行長的建議中，對方斬釘截鐵地說不可行。

當我們無法置信地反問「為什麼？」，他說公司有個政策，規定所有投資計畫都得達到百分之五十五的內部投資報酬率，他們想不出有什麼計畫能通過這麼高的門檻。

我們知道該公司的執行長官們都很務實理性，所以有點難相信他們會要求內部投資報酬率達到百分之五十五。

於是我們問這位廠長：「你怎麼知道？」對，問一位廠長怎麼「知道」他

們理當遵守的公司政策究竟是對是錯，的確頗為彆扭，但我們就是問了。

結果顯然沒人能證實這件事，但大家都「知道」有這麼一項政策。後來我們去問執行長，他的反應跟我們當初聽到高門檻時一樣驚訝。「難怪喔，」他回答。調查之後，他發現好幾年前公司發過一封信給大家，說到因為某資產一年後要賣出，所有相關的投資都要能夠快速回報，且內部投資報酬率得達到百分之五十五。這封陳年訊息早就不適用了，卻從此被大家奉為圭臬！

執行長趕緊澄清，說自己支持所有內部報酬率達百分之十五的投資。一說完，公司整個活了起來，畢竟他們已經投資不足好幾年了，現在廠長終於能給機器好好升級，花費很快便賺回來了。

最後公司資本投資超過五百萬元，而且平均兩年內就回本了！

CHAPTER 5

標上標籤，才好打包：幫問題取名字，讓大家看見它

他們並非不知道怎麼解決問題，而是看不見問題在哪。

——吉爾伯特・基思・卻斯特頓（G. K. Chesterton）

我們是傑里・賽恩菲爾德（Jerry Seinfeld）和拉里・大衛（Larry David）的忠實粉絲——對，他們與主題無關，這就是我們愛他們的理由之一；另外一點，則是他們超會取名！他們給許多普通行為取了難忘的名字，因此大受歡迎。最有名的大概是「Master of your domain」，[1]其他還有「close talker」、[2]「the stop

1 「Master of Domain」一詞出自傑里・賽恩菲爾德主演的美國知名喜劇節目《歡樂單身派對》（Seinfeld），劇中幾位主要角色在第四季第十一集「The Contest」中，比賽誰能忍住不手淫最久，只要有守住，沒向慾望投降，就是「Master of Your Domain」。

2 「Close Talker」出自同上影集第五季第十八集「The Raincoat」，劇中一名角色不懂拿捏社交分寸，與人交談時總靠得太近，故被主角戲稱為「close talker」。

and chat」[3]以及「spongeworthy」。[4]這些名字不但取得妙，更讓我們開始注意這些行為。

我們也喜歡取名（可惜沒他們好笑）。浪費（先前提到的空氣）常常偽裝成正事，需要經過練習才能辨識出浪費。有個好方法能幫助團隊看出哪些事情是無謂浪費：給各種浪費取名字。取名有助於集中注意力，接著再請團隊成員定期檢查這些浪費源頭在哪。以下例子各代表不同的浪費。

◇鍍金

提供給客戶的服務，超過他們的願付價值或法定所需。有個執行長要工程部列出所有鍍金的行為。猜猜第一名是什麼？一台可用上七十五年的機器！

◇官僚機制內的層層繁文縟節

雖然這裡只用了兩個「層」，但諷刺的是，現實往往不只兩層。想做完一件事，要經過幾道關卡？給多少人簽名？填多少表格？

◇非必要採購

我們認識一位執行長，他蒐集了公司用的每一種信封，發現超過一百種！

每個部門各自訂自己要的大小與樣式，沒人知道其他部門訂哪一款，也不從公司核准的幾款裡挑選，核准的款式也似乎無法滿足所有人的需求。每個人的眼界都不夠大，只想到自己部門。意識到問題後，他們發現公司其實只需要大約二十種不同大小的信封，既省錢又環保，核准的款式現在也能滿足大家的需求了。

◇皮帶與吊帶

公司有多少措施只是為了檢查錯誤（也就是皮帶）？又花了多少錢在覆核這些檢查關卡上（皮帶與吊帶）？

◇大材小用

私人法務所的資深律師，會檢查派給新手律師的案子難度，以確保高價的案子都是由老鳥負責。在你的公司裡面，有哪些事情該交給較資淺的人來做？

---

3 「Stop and Chat」一詞出自拉里．大衛主演的美國知名喜劇節目《人生如戲》（Curb Your Enthusiasm）。劇中拉里十分討厭在路上遇到不熟的人時，對方殷切地想停下來與他熱絡交談，他稱這種行為「Stop and Chat」。

4 「Sponge Worthy」一詞出自《歡樂單身派對》第七季第九集「The Sponge」。劇中角色伊蘭最愛用的避孕海綿品牌即將全面下架，於是她四處搜刮囤貨。從此以後，「值不值得用上海綿」變成她評斷約會對象的方式。

CHAPTER 6

別被數字誤導：把量尺倒過來看，一開始就注意到不好看的地方

誤信數字的下場，可能就像是學長在開學第一天就給大一菜鳥指錯餐廳方向一樣！「客戶滿意度達百分之九十」、「市場佔有率百分之三十五」、「百分之九十三的計畫提前或準時完成」等公司內常用的經營數字，可能會誤導人。

如果肉品公司在牛絞肉上寫：「百分之九十無脂肪」，看起來不錯。

但如果是「百分之十純脂肪」，聽起來就不大好吃了。

當然，這兩句其實是同一個意思……但消費者看了之後，可會有非常不同的反應。這個例子看似有點蠢，卻是一場真實的拉鋸戰：一邊是想提昇銷售量的食品公司，另一邊則是想減少國人脂肪攝取的美國食品及藥物管理局。

公司用的量尺最奇怪之處，在於這些數字幾乎都偏重於強調成效，而非究竟有哪些問題該解決。他們把重點放在百分之九十的無脂肪之處，而不是剩下那百分之十的脂肪。

你可以試著翻轉數字的重點，把大家的注意力導向待解決的問題上，而不是目前已有多少成就——要看到那百分之十的**不滿意度**、百分之六十五**未攻佔**的市場，以及百分之七**未準時或提前完成且超支**的計畫。凸顯這些負面訊息！

翻轉數字，把注意力放在問題上！

若以公司的管理學數字為例，就拿投資報酬率好了。有沒有想過，為什麼我們都要算投資報酬率，而不是報酬投資率？你覺得它們有差別嗎？兩項比率採用了相同的原始資料，呈現的訊息就會一樣嗎？

數學上來說，某個比率數字和它的相反比率，本質上可能是一樣的東西。但對於人腦來說，兩者卻是大大不同。想想諾貝爾獎得主、行為經濟學家丹尼爾．康納曼（Daniel Kahneman）在《快思慢想》（Thinking, Fast and Slow）裡舉的兩個例子：

◇範例一

亞當剛換車，同樣加一加侖汽油，舊車跑十英哩，新車能跑十二英哩。貝絲也剛換車，舊車一加侖汽油跑三十英哩，新車能跑四十英哩。若距離相同，貝絲顯然能比亞當省下更多油。

◇範例二

亞當剛換車，舊車跑一百英哩要用掉十加侖汽油，新車則只需八・三加侖。貝絲也剛換車，舊車跑一百英哩要用掉三・三加侖，新車則只需要二・五加侖。同樣開一百英哩，亞當省下的油顯然比貝絲多。

但這兩個例子根本是同一件事！不管是哪個例子，亞當省下的油都比貝絲多。「每加侖跑幾英哩」跟「每英哩用幾加侖」在數學上意義相等。但其中之一把問題隱藏起來，另一個則能讓我們馬上發現問題所在。因為歐洲的汽油價格很高，當地許多購車族很在意車子耗不耗油，所以用的是「每英哩用幾加侖」（正確來說，應該是「每公里用幾公升」）的表示法。美洲的購車族則向來不那麼重視要用多少油，比較在意車子能開多遠，所以用的是「每加侖跑幾英哩」這種誤導人的表示法。

其實從二〇一三年起，美洲所有新上市的車款都得同時標明「每加侖跑幾英哩」跟「每英哩用幾加侖」。

所以到底要用投資報酬率，還是用報酬投資率？這問題真的值得深思。檢查一下你用的數字，看看哪些無助於辨識問題所在。

以下幾個常見的比率都應該改掉：

- 權益報酬率應改成報酬權益比。
- 資產報酬率應改成報酬資產比。
- 毛利應改成銷售與銷貨成本比。
- 收益應改成總產出與可用產出比。

CHAPTER 7

八十／二十法則：大家都知道，卻很少人真正在用

要找問題，最好找規模夠小、修正後卻又足以改變現狀的問題。想找出這種問題，最簡單的方法就是採用八十／二十法則，它能告訴你大問題究竟出自哪些小事。

現實生活中，數據很少剛好為八十／二十，往往傾向一側。你可能有百分之八十二的利潤來自於百分之十三的客戶，可能百分之九十三的廠商開銷來自於百分之十七的廠商。

我們認識一位客服經理，她的團隊兢兢業業，透過許多計畫來增進客戶滿意度，成效卻不佳。於是她決定用八十／二十法則來分析，想找出到底是哪幾個重點問題讓客人這麼不開心。短短幾週內，她發現有百分之七十四的客訴都來自同樣的七個問題；讓人驚訝的是，這七個問題卻從來沒人注意過。比方說，某臺公用傳真機收到的訂單都會不見，原因是被其他使用者誤拿走了。

八十／二十法則找出了這個原因，同時還能指出它的影響大小。除此之外，我們也能輕易想出解決辦法：以電子傳真取代原本的紙本傳真機。問題解決了，重新取回二十五萬元的利潤！

積極運用八十／二十法則，就能大幅減少待解決問題，更能同時賺進大筆利潤。

CHAPTER 8

利用概略性資料取得精確洞見

對個大概總比錯得精準實在好。

——凱因斯（John Maynard Keynes）

很多經理人都覺得系統提供的數據害他們綁手綁腳。請別拿這個當藉口。先搞清楚自己想評量的到底是什麼，再想辦法得到所需資訊。

比如貴公司花費時間與金錢招聘新人，但其中有些資源都花在根本不符合需求的人身上，收集申請表、看履歷、面試等過程都耗時傷財。很不幸地，這樣的浪費常常被奉為工作，因為大家都以為唯有先去蕪存菁，才能找到最佳人選。這跟我們先前所舉脂肪比例百分之十、瘦肉比例百分之九十的例子非常類似。

若是系統無法提供精確資料，許多經理人就會不知所措，他們不曉得這樣如何獲取精準的洞見。且讓我們借用民調公司的高見。他們進行全國民調時，不會訪問全美三億人，問一千人就能判斷出可靠的見解了。

我們從沒聽過哪個人資部門建置系統，來評估自己在**未入選**人身上所花的時間。人資只要親自記錄個兩週，就能很快取得有用且精確的結果——他們有三分之一的時間，花在缺乏必要的數學技能與業界經驗的人選身上，浪費時間讀履歷與為他們面試。當然，更精確的結果應該要是「根據月報，我們有百分之三十六．四的時間花在沒希望的人選身上」，但這樣的結果也已足以讓我們思考「為什麼？」以及「你怎麼知道？」了。

我們稱這種分析法為「糖果紙」分析法。這名字來自一個故事（也許有點虛構成分？），內容描述迪士尼的員工如何決定樂園內的垃圾桶要擺在哪些地方。為了避免增加清潔人手，他們想出一個絕妙點子。他們把入口附近的垃圾桶收走，再請團員（迪士尼都這樣稱呼他們的員工，畢竟秀才是重點）在入口發送包著透明糖果紙的硬糖，接著開始觀察。大家會在走多遠之後決定丟掉垃圾呢？答案是大約二十七步路。於是迪士尼園區內的垃圾桶，大約都相距二十七步左右。再說個有趣的小知識：這些垃圾桶內的垃圾不用收，它們都會被吸進一個地下水道，再進行回收分類，魔法王國的地表上再也沒有煞風景的畫面了！

CHAPTER 9

標竿法是錯誤之舉

標竿法（benchmarking）聽起來很不錯，能讓人看清自己與競爭對手的差距，藉此設立清楚的目標，使自己比別人出色。如果對手的工廠成品率達到百分之九十八，你的工廠只有百分之九十四，那麼對方一定是做了某些你該跟進的事，這樣的邏輯似乎很合理。

標竿法本意是利用實際確切的數字，說服你停止抗拒，接受自己比人差的事實，接著再鼓勵你找出別人到底做對了什麼值得自己跟進的事。

不過，實際使用上，標竿法通常毫無效果，只是在浪費時間，因為不會有人在跟你做**一模一樣**的事。所以花幾個月蒐集資料，顯示自己的績效不過稍微優於平均之後，你又得再花好幾個月，證明彼此並未採用對等的比較基準（通常的確是這樣沒錯）。

消費者到巨城第一銀行檢查帳戶明細、兌現支票和提款時，第一銀行分開進行三項交易；若這位消費者到小鎮第二銀行做同樣的事，第二銀行會將三筆交易合併為單筆交易。所以，即便做的事情完全一樣，第一銀行的「每櫃交易量」也一定會比第二銀行高出許多。

就算雙方的比較基準完全對等，一方採取的行動也不見得適合其他人。巨城的交易量繁重，有自動化的必要，但小鎮的交易量太少，根本沒必要跟進。結果就是爭辯了好幾個月卻毫無收穫。

標竿法的第二個問題，是它本應鼓勵人改變，最後卻被拿來合理化現狀。「我們表現高於平均」或「我們已經在平均之上了」等說法，都只是拿來證實「我們已經夠好了」。

別管標竿法了，你需要的是學習某個客服中心的執行副總，他是這樣帶領下屬的：「你知道，根據業界評估，我們算是佼佼者。但你也曉得，就算是這行業裡的第一名，也還有很多進步空間。所以別管別人希望我們怎樣了，想想我們自己的期望吧。」

CHAPTER 10

以新方法進行腦力激盪：找問題，而不是找答案

對大多數的組織體系來說，值得解決的問題都深藏在日常工作細節中，靠試算表、資訊系統或分析法是找不出來的。

只要用正確的方法詢問，與這些工作最相關的人就能告訴你所有問題何在。腦力激盪（brainstorming）常被奉為解決問題的良方——但我們不同意，請往下讀便知為何。不過腦力激盪確實能為你**找到**值得解決的問題。

腦力激盪能有效地一次集結眾人力量（一次腦力激盪最多可有五十人共同參與），結構寬鬆能鼓勵更多人參與，且不將精力過度集中在單一方向上。

腦力激盪時人人都能提問，且不必擔心被誤解為抱怨，更能幫助大家看見從前誤以為是工作、實質上卻是浪費的地方。

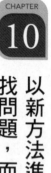

PART 2 既然看見問題了，動手解決吧！

要是惠普（HP）能早點學到現在才知道的事，
生產力就是現在的三倍了。

——路易・普拉特（Lew Platt），惠普前執行長

許多關於創新的迷思都非常糟糕，其一就是以為創新者要有過人勇氣。之所以有這個迷思，是因為我們**誤以為**多數人抗拒改變，才會覺得創新者需要非比尋常的勇氣，以克服這份必然會遇到的抗拒感。

多數人並不抗拒改變，事實上，大家喜歡改變：上大學、結婚、生子、換工作等等。現代職員都是因為喜歡改變而得以成功。

那麼，這個迷思為什麼一直存在？這個嘛，很簡單：多數人的確抗拒**不好的**改變，而企業裡有許多改變都不好。這些不好的改變的設計者不歸咎自己，反倒怪那些受改變所害的人。不好的改變讓人更難做好工作、服務客戶，也更沒成就感。不好的改變有很多，比如某個外來顧問給了外行建議，沒有切實瞭解這會對業界帶來怎樣意料之外的結果；又比如公司推出大型企劃前，沒有先想過實際運行起來會是如何。

推動改變的管理者，通常都立意良善，但他們不瞭解改變對於與該工作最切身相關者會有什麼影響。銷售代表是否得處理更多文件？執行部門的程序是否反而更繁雜？客戶會不會覺得產品更難用？

大家抗拒不好的改變，而喜歡、甚至是想要**好的**改變，這沒什麼稀奇。人不會抗拒好的改變，創造良好改變的創新者也不需過人勇氣。

另一個關於創新的糟糕迷思，是創新需要過人智識與創意。有這個迷思，是因為大家以為如果光靠普通智識與創意就能創新，那麼世界上應該有更多創新才是。這個假設要成立，得要多數企業的問題是出在**人**身上，但其實他們的問題都出在**流程**上。

有時你只需換個視角，就能看到偽裝成工作的浪費。一件事情做久了，自然會停止問自己為何要做這些事。

新來者往往能輕易看見浪費所在，因為他們有全新的視角。想要全新的視角嗎？公司內部就有很多人能提供，他們能在你以為是正事之處看見許多浪費。只要採用正確的程序，你就能擁有這些全新視角。

企業之所以能成功建立，是因為每家公司都擁有許多聰明又有創意的員工。你的目標是要提供員工對的環境與程序，讓他們能發揮才能，為公司的流程問題找出解方。正如我們在第十章裡所提（且值得再提一次！），光是要人提供想法（舊時的「意見箱」思維），成效實在有限，而花錢買點子更是沒效果。

你需要提供一套設計完善的程序，讓公司的人才能夠有效參與討論。

CHAPTER 11

請與工作最相關者提供建議

這裡十億、那裡十億，很快就變成一大筆錢！

——盛傳由美國參議員艾弗勒．德克森（Everett Dirksen）發表的名言

早自遠古時代，在地人就很難當上地方先知。親近不見得總是生狎暱，但的確往往讓人難被認真對待。公司執行長官聽不進自己人的建議，卻願意花大錢給顧問聽取同樣的建議，管理顧問業實在該好好感謝這些人。

就拿威廉．愛德華茲．戴明（W. Edwards Deming）的例子來說吧。戴明在美國出生，於一九二〇年代取得工程、數學、物理學位，並且是耶魯大學的博士。他在統計品質管制（statistical quality control）界引領風潮，帶動全球製造業的革命性進步。

但問題來了：同樣來自美國的執行長官們不相信他。他在一九五〇年代前

往日本，為日本奠定基礎，成為全球高效率與高品質的製造業大國。他當上了日本的民族英雄。

最後，福特（Ford）等美國公司終於在一九八〇年代採納戴明的想法，從此全美刮起一陣「日本製造」的技術旋風。

你身邊或許沒有戴明，但絕對有人擁有非常好的點子，只是一直被你忽略至今。

我們認識一位影印員，他建議公司在所有切紙機上加裝紙規以增進精準度、減少浪費，結果公司就此省下了六萬三千美元，

我們也看過一位收發室員工突發奇想，改良傳統的分類技術（管理部門原本以為這個方法早已過時），把分類業務帶回公司自理，因此節省了十七萬八千美元；另一位收發室員工，則發明了使用條碼的新方法。上述影印員也示範過如何自己填充墨水夾，不必再買廠商提供的昂貴墨水夾，藉此省下四萬美元。另外，我們還看過銀行櫃檯員想出能夠減少現金結算手續，卻又不會提高風險的新點子。

如果德克森議員當過執行總裁，他可能會說：「這裡幾十萬、那裡幾十萬，

很快就變成一大筆錢。」把你能想到的所有點子加起來，真的能快速累積成大筆財富。

聽聽員工有什麼點子，他們能為你想到各種解決方案。不過，如果你只是用舊式的「意見箱」思維（或是新式的線上意見調查表），你的收穫就會少得可憐。

比較好的作法，是針對特定問題，邀請相關的第一線工作人員與客服同仁加入討論，與專家一起共商辦法（詳情參照第十八章）。舉例來說：

- 零售商邀請收銀員，與資訊工程師、稽核人員與分公司業務經理一同簡化收銀步驟。
- 投資銀行邀請客戶關係經理人，與業務部門、資訊部門、行銷部門以及法遵部門一同縮短開戶流程。
- 食品公司邀請工廠的生產線人員，與研發部門、品牌經理、工程部門以及安全暨法遵部門一同重新設計裝瓶流程。

CHAPTER 12

離開你的辦公室，親自去看看

你要相信誰？是我，還是你那雙會撒謊的眼睛？

——演員奇可．馬爾克斯（Chico Marx），於電影《鴨羹》（Duck Soup）

熱門電視節目《臥底老闆》（Undercover Boss）中，老闆會偽裝成菜鳥職員進公司，觀察實際運作狀況。觀眾喜歡看公司基層員工挫挫老闆銳氣，而劇終之時，老闆能更瞭解公司的實際狀況。

這些臥底老闆展現了好奇心與勇氣。他們知道這樣做雖然看起來有點蠢，但實地訪查比讀備忘錄和聽員工報告有用多了。

實地訪查並不是指由經理人帶著老闆四處展示佳績。我們聽過最糟的例子，是有家大型連鎖飯店走火入魔，每遇執行長親自入住，就要重新粉刷他的房間牆壁、換新家具，迷你吧檯還得裝滿各種執行長喜歡的特製點心。這是真人真事，我們可沒亂開玩笑！

「親自去看看」是指實際觀察工作如何完成，甚至親身參與部分過程；是指在觀察過程中不斷地問**為什麼**；是指主動找出浪費時間與精力的原因。想親自自去看看，不見得要靠臥底，但的確需要親身體驗。

日本人開始發展精實製造時，就運用了這個概念：由經理人探訪「gemba」（日語げんば的唸法，對應漢字即為「現場」），也就是到工作實際進行的地點觀察，以找出改進現況的最佳辦法。「現場」一詞在日文裡也指「犯罪現場」，偵探都是自現場展開調查的！

許多經理人說了一堆無法親自探訪的理由，最常見的就是沒時間。真的嗎？下個禮拜就挪出三個小時試試看吧。第二常見的理由，是不想越俎代庖。沒關係，那就交給下屬去規劃，藉這個機會，你也能瞭解他們的需求！

CHAPTER 13

別再忽略內向者了

企業栽培並獎勵外向者，卻忘了內向者往往才是認真思考問題解答、帶領創新、提高生產力與增進利潤的人。

在商業環境中，想成功就得動作快、有自信、懂得團隊合作以及當機立斷，非常適合外向者。企業極度倚賴會議與報告，恰好提供了外向者發光發熱的舞臺，內向者只能兀自凋零。會議與報告使外向者成長茁壯，因為**最能言善道者的意見，就會成為主流意見**。

根據最近一項調查，有百分之九十一的高層主管表示，團隊合作是商業成功不可或缺的要素。外向者樂於加入團隊、與人合作，一如所料，他們受雇與升遷的機率遠大於內向的同儕。

就連公司的硬體規劃也越來越有利於外向者——當今有超過百分之七十的職員都在開放式辦公室工作。事實上，辦公家具公司 Steelcase 早已配合潮流改變產品線，揚棄過去強調隱私（I）的私人空間，改採注重共事（we）的開放性設計。

內向者與外向者相反，偏好獨立作業、遠離同儕壓力，喜歡傾聽與深思。他們專心一致，事有所成前絕不分心。內向者比較可能延宕滿足，與其快速得到小獎勵，他們更偏好拿大獎。

洞悉問題並加以解決是企業創新的關鍵，能做好這件事的人，不是外向者，而是內向者。內向者沒有比較聰明，但他們處理問題的方法不同。獨處、專注和有毅力，正是愛迪生所說，構成天才的那「九十九分的努力」。內向者最佳代表愛因斯坦曾說過：「並非我絕頂聰明，只是我解決問題時能堅持久一點罷了。」地球上最有價值、最受推崇的品牌蘋果公司背後，至少有一位創始者——史蒂夫．沃茲尼克（Steve Wozniak）——是循著內向者的習慣，發明出蘋果的創始產品。

以下三個實用步驟有助於培養內向者：

一、**私下接觸能取得更多貢獻**。與其每週與六個人開會一小時，不如試試一週維持原樣，另一週改為與這六個人個別開會十分鐘，讓每個人都有所貢獻。減少團體活動能獲得更多貢獻，在內向者身上尤其明顯，而且也不會多佔用你的時間。有些內向者會逐漸習慣在團體會議上多發言，剩下的人，至少每兩週能有機會表達想法。

二、**訓練主管使用更好的會議架構**。多數會議費時又無效，創造出的環境更是對內向者不利。只要能持續使用簡單又明確的會議架構，確保會議之目的、與會者、議程、時間、會前討論、會後追蹤以及報告資料都正確無誤，就能改進這三個缺點（詳情我們後續會進一步說明）。

三、**指派內向者領導特殊專案團隊**。領導大型專案所需的特質，正是內向者具備的特質。別只挑最顯眼的人來領導專案，挑個內向傾向明顯的人來做吧。這種人比較有機會創造出積極的團隊，從大家身上取得重要貢獻，也較能堅持先取得正確資訊再行動。

CHAPTER 14

將抱怨轉為合作：部門間人員對調

最危險的浪費，就是我們認不出的浪費。——新鄉重夫（Shigeo Shingo）

取得新視角的方法很多，其一是去找使用或製造你的產品的單位，問那兒的主管是否願意與你交換一位員工幾天或幾週，最後交換觀察心得。上游單位可能會發現，你花了許多時間在準備他們早已用不到的報告上；下游單位則可能不曉得，原來他們做的東西到你手上還得修改，其實他們能按照你的意思幫你先改好，而且費用低得多。

不良的產品設計，是個常常偽裝成工作的浪費來源，且會讓工廠員工抓狂。若想找出這些問題，請派你的品牌經理去生產產品的工廠一週。試過這種作法的品牌經理回來後，個個都改頭換面了！

CHAPTER 15

其他人有好點子——問問新員工與廠商吧！

探索的真諦不是發現新大陸，而是換上新視角。

——馬塞爾．普魯斯特（Marcel Proust）

剛從其他公司過來的新員工，最能提供你新的視角。叫人資部門幫你列出近十二個月內到職的員工，請這些人指出你做的事裡面，有哪些事其他公司似乎做得更好。你可以請大家自帶食物共進午餐、開會，也可以私底下一對一對談。

無論這些新員工是高階幹部或收發室職員，全都值得一談。有家食品公司新聘了一位部門主任，他先前在相關產業擔任部門總經理。那時他起初跟隨公司傳統，利用產品的蓋子做行銷，時常更換蓋子顏色與上頭的訊息以吸引消費者。換蓋子看起來既有效果又花費低，適合尚有利潤的產品。但偶然一次探訪工廠時，他發現每換一次蓋子，成本都貴得嚇人；即使只是換個顏色也得停機微調，

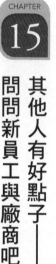

相當浪費時間與資源。

他總算意識到問題了！接下來，他與供應商合作，訂出一套價值工程流程（還記得第二章的內容嗎？），要求品牌經理為每個變動所造成的花費提出合理解釋。沒想到，消費者研究結果顯示，這些變動的行銷效果十分有限，甚至可能害本來靠顏色區分口味的消費者感到困惑。

身為新來的人，他把自己在前公司學到的視角與流程帶進新公司。他不需要什麼學習曲線，因為新公司顯然與舊公司有著同樣的問題。既然之前的方法證實有效，他大可運用同樣的方法，讓品牌經理與供應商一同合作，免去那些無法創造消費者價值的複雜流程。

在新公司用老方法，效果如何？經過巧妙更動包裝與用料後，消費者體驗不僅毫無受損、甚至更好，還省下了超過兩千萬美元！

接著我們來關注合作廠商。合作廠商瞭解你的公司與產業，也知道其他類似的公司都在做什麼，而且他們還希望能讓你開心。這些廠商就是你最好的外部觀察者。

好好地向他們討教，他們便能告訴你公司裡有哪些事情看似工作，實為浪費。

我們曾經與一家冷凍食品公司合作，他們致力於提供最高品質的食物，花了大筆經費在包裝與重新包裝上，確保冷凍食品按照製造日期依序出貨。經理人邀請公司一位物流廠商參觀倉庫，想獲得一些新觀點，廠商也樂意花幾個小時與客戶建立良好關係。結果廠商馬上發現重新包裝的流程有改進空間，並告訴他們其他公司都怎麼做。新方法大幅降低勞動成本，同時能維持一樣的食品安全標準。於是公司自然常向廠商請益，並與他們簽了更高額的訂單。

沉默不是金——誠實拒絕才是

廠商樂於與你分享所知。事實上，即便是你以前拒絕過的廠商，通常也願意站在你的角度，為你提供建議，希望藉此建立良好關係，以期未來有機會與你合作。

廠商都有吃閉門羹的心理準備，畢竟做生意就是這樣。但最讓他們受不了的，是不受人尊重。

很少廠商能接受越來越常見的「已讀不回」現象。站在他們的角度想想：

有人要求你出價，你辛辛苦苦準備報告，花自己的時間與金錢去和潛在客戶接觸，跟他們分享了你的看法，對方說很快會給你答覆。

接著你開始等……等啊等，等了又等。結果對方沒寄電郵通知你現況如何，也沒打電話來禮貌性拒絕並解釋理由，就只有已讀不回。

你未來還願意免費提供這家公司建議嗎？為了再次得到機會，或許你肯，但你會心甘情願嗎？

所以，請回顧一下你過去幾個月所做的決定，確定自己尊重每家往來過的廠商。

別讓公司的守門人阻礙你取得更高利潤

當然，廠商總想向你推銷一些你用不到的產品與服務。如果不需要這些東西，幹嘛浪費時間與他們瞎攪和？

因為，對於你手邊的問題，他們能給你帶來新視角與可能的解決方案。同樣是你的公司，廠商看的與你不同，而且他們遠比你瞭解其他客戶都怎麼做。

不幸的是，現在有太多公司要求廠商一律與公司採購部門接洽。別讓採購政策或公司守門人阻礙你得到那些不一樣的新視角。

打通電話給廠商（特別是那些你不常接觸的），與他們開個簡短的會議，瞭解他們的想法。是的，他們很可能向你推銷你不想要的東西，但無所謂，因為他們可能有辦法為你解決你根本沒注意到的問題！

還記得本書一開始的信封故事嗎（請見第一部分引言裡的「解決問題就是這樣」）？負責郵務的團隊若是能早點與始終在門外徘徊的廠商談談，結果會是如何？他們若肯花時間談，很快就會發現用信封郵寄是個問題，而且知道改用明信片就能輕鬆解決問題。

CHAPTER 16

你的消費者是否走在一條坑坑疤疤的道路上？

消費者至上、以消費者為中心、從消費者的眼睛看事情。過去幾年，這些話你聽過幾次了？

管理學界從來沒有哪個風潮像這樣一再被提起，卻又遲遲沒有行動。市場上有一堆焦點團體、消費者調查，還有人類學家研究消費者的自然棲地，以及各式各樣的數據蒐集計畫。

但想找出平常被忽略又相對容易解決的問題，並不需要使用新數據。你只需要一個簡單的框架，讓大家專注於創造重要的改變。

其中一個很有效的框架，叫做**顧客旅程**（customer's journey）。想像你是消費者，請列出從認識你的公司與其提供的服務，接著進行購買、使用產品、付賬，一直到下另一張訂單之間，與公司間所有的互動過程。當然，不同類型的消費者，列下的過程也可能不同。實際寫下來（或打下來）後，列表上的項目可能比上述更多。

若是與公司各個重要部門的代表組隊，共同完成這份列表，會來得更輕鬆、更好玩。但如果你無權召集大家，就自己來吧。

詳細列完後，請在表上每一個項目後頭，寫出以下三項資訊：

一、哪個部門直接或間接影響這個互動過程的進行方式？舉例來說，業務請客人簽約時，相關的部門包括：負責代表公司、向客戶解釋合約與執行約定的業務團隊，以及負責立約的法務部門。如果簽約過程在線上進行，那麼資訊部門也在其中。你可能會（也可能不會）驚訝地發現，原來**每個步驟都間接牽涉到這麼多個相關部門**。

二、這些過程對消費者來說有多痛苦？起初你可能得猜一下，但公司裡通常有人能提供你足夠可信的假設，之後再蒐集資料就能輕易驗證了。你可能會（也可能不會）驚訝地發現，**有些過程實在很痛苦，簡直要人打退堂鼓**。

三、這個步驟對於消費者的購買決定有多重要？這裡你可能得再一次「先猜猜，再問他人意見，接著蒐集資料，驗證假設的真偽」。你可能會（也可能不會）驚訝地發現，**最可怕的流程，可能對公司而言毫不重要，卻大大影響消費者的購買決定**。

顧客旅程能讓你快速知道，消費者在與公司交易的過程中，歷經了哪些重要與痛苦的過程，也能讓你知道，哪些部門得合作解決問題。最好先做個概略性的調查，接著再投入時間與金錢，好好研究最重要的幾項問題。

CHAPTER 17

不經意扼殺點子

有些時候，雖然（或正是因為）職位高，管理者仍覺得自己無力把事情做好。倒是有種能力一直都在：扼殺點子的能力……即使他們並不想扼殺這些點子。抬個眉毛，就會被解讀成「你敢，我就跟你拼了」；連微笑都曾被解讀成輕蔑。只有在經理人說：「你分析一下這個點子，在某個時限之前跟我報告進度」時，下屬才能確定主管真的希望點子進一步付諸實行。記得後續進度追蹤務必訂得明確，如果沒訂，點子大概就不會實現了。

我們曾經為一家企業巨擘的執行長提供建議，那時他正要花上一整天傾聽下屬的想法。我們說，他很可能會聽到一些顯而易見應該實行的點子，明顯到他會想要跳過桌子，一把抓住報告者的喉嚨大喊：「這件事你為什麼還沒做？」我們建議他，與其這樣，不如靜靜坐著微笑，說：「非常好，我很慶幸你要解決這個問題了。」

執行長當天表現很好，他的團隊也備受鼓舞。後來他說，一開始聽到我們的建議時，覺得我們這樣有點瞧不起他。但現在他總跟人說，這是我們給過他最好的建議。（我們試著以「水杯半滿」的心態解讀，希望他那句話表示我們還給過很多其他好建議！）

我們也是嚐過苦頭，才瞭解要給人這個建議的。曾經有位執行長花了兩天聽下屬報告，中間一度暴跳如雷，因為報告團隊表示要終止一項計畫。他實在太激動，我們不得不中斷報告，告訴他如果一直在報告中罵人，以後大家就不會提供點子了。他說，他並不是氣團隊要終止計畫，而是他好幾年前就下令終止那項計畫，顯然沒人把命令聽進去！

CHAPTER 18

腦力激盪會議無法激發出提高利潤的新點子

我們在第十章提到，腦力激盪很適合用來找尋問題，但不適合解決問題。

事實上，靠腦力激盪解決問題不只浪費時間，還會阻礙你解決問題。腦力激盪會議是集合一群人，不必顧忌他人怎麼想，儘管丟想法出來激發創意。因為毫無限制，大家能自在探索，並透過彼此的建議，砥礪出越來越棒的點子。

只不過，這招行不通。我們看過上百個這種會議，大家列了一長串點子，卻統統淪為空想。它從頭錯到尾：太多人出席、太少人參與、批判思考不夠、事前準備與後續追蹤不足。

一旦找到值得解決的問題，就該發起問題解決會議，這跟腦力激盪會議幾乎是完全相反的兩回事。腦力激盪能有效地讓許多人共同參與，你可以邀集五十人來參加，以寬鬆的架構鼓勵大家參與。問題解決會議通常只有三到七人參加，會議架構明確，聚焦在研擬解決特定問題的好點子。

腦力激盪就像食物大戰，解決問題則是主廚料理課。

CHAPTER 19

把問題變難，找尋解決方案就會變容易

沒有什麼比施加限制更能激發想像力奔馳了！

舉例來說，假設你被要求縮短交易時間。這看起來已經很難了，但想讓問題更好解決，就要加上限制，讓問題看起來更棘手：你的解決方案除了縮短交易時間，還要降低成本、在六個月內執行完畢，同時提高客戶滿意度！

當我們給大腦完全的自由，接納任何想法時，它們會不曉得從何處著手，接著就當機了。激勵員工「跳出框架思考」與「別只畫在界線以內」，反倒阻礙了創意與創新。其實，給大腦設限，它就更能找到解決方案。

你能在接下來的七十五秒內證明此法有效。首先，請花六十秒，寫下你的廚房裡所有想得到的白色物品。先試試看，再往下讀。

一般人平均能寫下四．二項物品。如果多給一點時間，你能寫下更多東西嗎？多數人都說沒辦法。事實上，他們說：「時間才過一半，就想不到了。」

接下來請再花十五秒，告訴我們你的冰箱（通常應該也放在廚房裡）裡有哪些白色的東西。這下筆可動得飛快了！也試試看只給自己五秒。

這次一般人平均可以寫下四．六樣東西！只不過把問題範圍縮小，能想到的東西就多了一倍有餘。雞蛋、牛奶、瑞士起司、白花椰菜、白酒……等等一一出現，它們不過是躲在冰箱門後，所以比較難看見而已。

加上限制後，我們就能更快想到更多東西！

面對又大又深的問題時，許多經理人希望以無畏的大型計畫解決，想藉此顯示自己歡迎改變。比方說：「我們成立了專案小組，要解決客服問題。」幾個月過去了，解決方案很「大」，卻沒什麼創意——投資新系統、重新規劃客戶服務。但隨著時間過去，客服毫無改善。

這裡有個增進生產力的例子。假設朋友告訴你：「我一天的時間不夠用」，請你設法解決。你會很難下手，因為這個問題太廣泛。現在，假設他這麼說：「我每天浪費一堆時間開會，大家都不曉得我需要哪些資訊，時間都花在報告我早就知道的事，而非做好準備，提供新資訊給我。」請你試著解決。

與對付大問題相比，小問題更容易想到實際有用的解決方案。

CHAPTER 20

運用檢查清單：戰機飛行員和腦外科醫師都在用，你也可以！

請按照附圖的檢查清單（圖 20.1），由上而下，以正確的順序找出好的解決方案。

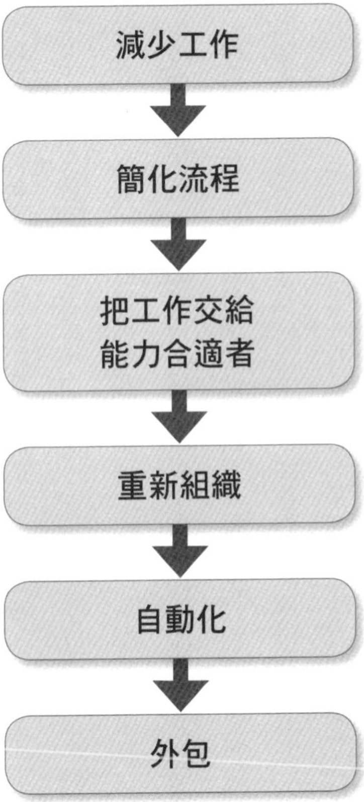

圖 20.1

先找出減少、簡化與下放工作的解決方案後，再來考慮是否值得重新組織、自動化或將工作外包出去。重新組織可能造成嚴重影響，成效卻十分有限。自動化可能支出驚人又費時，但就算不自動化，還是有方法能省下很多錢。將自己做得來的業務外包出去，等於是把利潤分給另一家公司，請他們來為你解決流程問題。這方法有時可行，但通常只要好好減少工作、簡化流程，並調整高階員工的職責，將部分業務下放給做得來的低階員工，就能比外包省下更多錢。

把檢查清單寫下來，奉為公司圭臬，印在可塞進錢包的小卡上、印成海報、列在提案書的第一頁。用這個原則幫助團隊專注在重點項目上，找出良好的解決方案。

第二十一章到二十六章的內容，將依序細述這個檢查清單上的各項目。

CHAPTER 21

其實……就別做了吧！

天底下最沒意義的事，就是有效率地做一件根本不用做的事。

——彼得・杜拉克

一旦決定要執行新計畫，人自然會陷入不理性，想看到事情圓滿完成，就算事實在在顯示此事根本不該做也一樣！若有人建議我們半途中止計畫，就好像是在批評我們一開始就下錯決定，而且還沒能力好好執行。計畫執行到一半就作廢，總感覺像是在否定我們的權力和價值。神奇的是，就算一開始反對或不喜歡，一旦我們也投入了時間與精力在某個計畫上，我們就會覺得自己擁有這個計畫。而一旦擁有它，我們就會不理性地誓死捍衛它！

早該摒棄卻一直存在的「殭屍計畫」會浪費寶貴時間，導致更好的計畫被迫延後。要避免浪費時間，最簡單的方法就是定期舉行「夕陽評鑑」，問問：

「根據現在所知，停止這個計畫，把時間金錢用在其他更好的計畫上，會不會比貫徹下去來得更賺錢？」

等到計畫已經執行完畢，還形成公司裡「我們就是這樣做事」的文化後，場面就更難收拾了。很多活動過去曾是新計畫的一部分，但現在卻一點也不重要。那些新計畫在推出**當時**或許很好，但如果**現在無法增添價值**，就別做了吧！

CHAPTER 22

別給人他想要的東西，給他需要的東西

當層峰人士要你做一份特別報告、新的分析，或是什麼浪費時間的事，在你真的開始費工夫動手之前，你有多常先偷偷翻白眼，心想：「我真的得浪費時間做這種事嗎？」

他們通常立意良善，只是不明白自己要你做的到底是什麼東西。他們往往沒時間想清楚自己要的是什麼，更不知道你要花多少時間才能完成要求。

你或許可以把他們的需求問得更精確，還能提出對你來說更簡單，對他們也更有用的替代方案！

我們認識一位執行長，他想要除去公司裡這種惡習，於是決定親自帶頭。他擔任財務長時，要求財務團隊每月做一本報告書（後來大家都稱之為「棕書」），裡面全是客製化報告。當上執行長後，他繼續每月收到（並閱讀）月報告書。

為了以身作責示範給全公司，他要財務團隊想辦法降低報告書的製作成本，同時繼續提供他所需的資訊。他們首先將書中每一份報告上標價，標上製作所需時間。然後，他們自己出點子，建議降低報告頻率、正確率、詳細程度，以及其他能減少或合併多份報告的作法。

接下來，他們坐下來與執行長一同翻遍每份報告，問他：「這部分你怎麼運用？上一次根據這些資訊做決策是什麼時候？花這些製作成本划得來嗎？我們的建議符不符合你的需要？」

短短三十分鐘內，執行長接受了團隊的多數建議，自己也做了些決定。他很開心，因為調整後的報告刪去了讓人分心的資訊，把重點凸顯出來，同時還為財務團隊省下了很多時間。

「來給它棕書一下」從此便成公司裡的一句標語，意思是：「來問問大家為什麼做這些要求，幫他們用更省力的方式滿足需求。」

這個故事告訴我們：請人幫忙時，先確定要解決的問題是什麼。

CHAPTER 23

簡化

著手嘗試解決問題時，你想到的第一個解決方案很複雜，許多人就停在這一步了。但若能繼續與問題共存，把問題層層剝開，往往就能找到既簡單又高雅的解決方案。多數人只是沒花時間與精力，才會走不到那一步。

——史蒂夫·賈伯斯（Steve Jobs）

賈伯斯的產品線比對手來得簡單許多，產品與其他品牌相比更是超好上手。蘋果的核心理念就是簡單兩字。iPhone就跟福特T型車一樣，你想要什麼顏色都可以——只要是黑色就行！In-N-Out漢堡店也推崇一切從簡，希望能打敗麥當勞的層疊美學。無論到哪個產業，簡單絕不會錯。

戈登·拉姆齊（Gordon Ramsey）是全球公認的一流廚師，他所擁有的知識，以及應用所知來創造優雅、複雜菜色的方式絕不簡單。那麼，拉姆齊在他的廚房噩夢秀——一個協助家庭餐廳發揮潛力的節目——又做了什麼呢？他大幅刪減菜色，菜單上三十幾道菜被他刪到少於十樣！節目尾聲，這些經營得苦哈哈的老闆們人人承認，菜色少遠比菜色過多來得好。

系統性地找出公司內讓事情複雜的主要原因，接著簡化流程、產品或服務，越簡單越好。

覺得自己不是賈柏斯或拉姆齊，因此以上方法不適用嗎？那就舉個更普通的例子吧。有家顧問公司要執行一個大型計畫，為客戶的團隊準備了專用工作空間。一切都規劃妥善，顧問公司提供了許多設備，都是客戶在執行計畫期間用得上的。計畫尾聲，所有的設備都用上了，只有一個例外：一疊疊的藍色紙張。

客戶詢問為什麼有藍紙卻沒用到，顧問公司也摸不著頭緒。幾天後，顧問公司打給客戶說，好幾年前，很多工作還沒自動化，那時團隊用資料夾分裝提案書。提案書審核通過後，便印在藍紙上，這樣就能清楚辨識哪些已通過、哪些未通過。

電子檔案夾問世後，自然用不著紙了。但顧問公司裡沒人負責更新設備清單，先前的客戶也都沒注意到（或沒提起）這一疊疊的藍紙。

你的藍紙又在哪裡呢？

CHAPTER 24

把工作交給薪水最低又做得來的人

就在此刻，你的公司裡有高技術員工正在做低技術工作，把它當成是他們工作的一部分。你的法務部門裡有受過高等訓練、經驗豐富的律師，卻花了大把時間做簡單的研究，只因為公司沒請法務助理。資深律師索價不菲，應該專注在用得上他們的高等技術的工作上。這樣一來，不僅能降低成本，還能增加員工滿意度，因為對資深律師來說，做簡單研究實在太無聊。

有太多主管不用心去刪減花費，只注重員工數量，而不注重盈餘。舉例來說，他們寧願請兩個高身價的律師，也不要請一個高身價律師，再搭配兩個便宜得多的法務助理！

隨著各家公司開始注重精簡人事，像這樣員工的能力與工作內容不對等的狀況，會造成公司高額損失。

不過，這個問題很好解決。請你的團隊列出他們做的工作中，有哪些事情由更資淺（而且更便宜）的人處理也做得好，這就是與能力不相符的工作。接著重新分配，把這些工作交給資淺員工，讓資深的人騰出更多時間。

接下來這步就難了：你可以設法利用這些人多出來的時間，給公司多賺些錢，不然就砍掉一些高階職位吧！不這樣做，花費就可能會上升——而不是下降！

CHAPTER 25

省一大筆錢：別用迷人高科技，改用簡單低科技

在框架內思考。

萊斯大學（Rice University）的生物工程與世界健康課上，學生得解決下面這個問題：打造一座能檢驗出貧血的離心機，成品必須低廉、方便攜帶且不用插電！

因為問題很棘手，多數人以為非常難解決，都預設得用輕量塑膠、新型電池或太陽能、高科技生物診斷技術，以及其他先進的花俏機械。

班上兩位同學萊拉．克爾（Lila Kerr）與蘿倫．泰斯（Lauren Theis）決定**待在框架內思考**，問自己手邊有哪些現有器材能解決這個問題。他們會怎麼組合出解決方案呢？

答案是：沙拉脫水器！他們想到，便宜的塑膠脫水器可以用來當離心機，

成功將血液分離成可檢測貧血的單位。便宜、快速、質輕，又是手動免插電，他們命名為莎莉離心機（Sally Centrifuge）！

或許你的工作用不太到沙拉脫水器，但鐵定需要做場更好的分析。迷人的高科技解決方案，總是些華而不實的花稍軟體。當然，它得花上幾年的工夫架構，花費也很高，還會引來大家抱怨不斷，但除去這些不說，經理人會覺得自己有了厲害的新工具，已然準備周全了。

或者，你也可以採用消費者產品銷售部門的作法。面對巨型零售網絡裡，龐大的交易量與不斷上升的折扣額，銷售部門知道，只要能在遭人議價前，先把交易分析過一遍，就能省下數百萬美元。數家知名軟體廠商已為公司提案了好幾個大型系統，系統涵蓋範圍雖廣，卻也所費不貲。

接著部門經理問了個關鍵問題：我們能不能現在就做份試算表，幫助銷售同仁從今天起就做出更好的決定？

有一位業務很愛建試算表模型，於是他做了個非常聰明的試算表，能輕鬆跟著核心系統的資料來更新表格內容，也能計算多筆交易的報酬率，甚至能初步模擬運算替代交易。

更快、更便宜、更簡單……而且涵蓋的交易範圍，高達大型系統的百分之八十，讓他們能把資金用在更有效率的投資上，為公司多帶來數百萬美元的收益。

創新的秘密原本應該是「跳出框架思考」，但我們不相信這句話。跳出框架思考往往必須承擔不必要的風險，所以我們才說，「在框架內思考」。

CHAPTER 26

省更大一筆錢：連低階科技都不必，告別科技吧！

在要求或批准使用新科技（即便是低階科技）前，先問問自己，若要完成目標，有多少不需靠科技，只需：

- 改變政策
- 多聘幾個便宜人力
- 重新設計產品或服務
- 重新組織工作內容
- 刪減工作
- 搞清楚消費者根本不在乎新科技帶來的高品質

某家公司準備設計新軟體，以便排定何時該派人去修剪樹木。

一位生產線主管提出一個不需科技的簡單建議：當在外頭的員工看到該修剪樹木時再回報即可，因為他們遠比軟體更能評估狀況，不會在毋需修樹時派人出去。

這個點子的價值：不用花錢買任何科技，現省十萬美元！

CHAPTER 27

借用別人的好點子

我不只用自己的腦，還用了所有能借到的腦。

——伍德羅．威爾遜（Woodrow Wilson）

第二十六章談到擺脫高科技，運用新方法實踐舊點子。請用這種方式來思考所有問題，關鍵在於組合、運用你目前所知，發展出一套新方法，或用來解決新問題。

大衛．墨瑞（David Kord Murray）在《借用創意》（Borrowing Brilliance）書中一一舉例證明。他以人類歷史中數一數二的重要發明「古騰堡印刷術」為例，古騰堡就是借用了舊時的解決方法，以其他領域的技術改良雕版印刷術。他把金屬字體排上金屬板，這點子原先用在鑄幣上。他也改用存在已久的便宜莎草紙代替牛皮紙，並把蛋彩換成較便宜的油墨；油墨遇牛皮紙會渲染開來，但與紙則搭配良好。他捨棄了以人力按壓字板，改用製酒與製橄欖油所用的螺旋擠壓機。古騰堡借用這些現存技術，創造出了史上最重要的一項發明。

墨瑞也在書中提到一句非常響亮的口號。甘迺迪總統那句振奮人心的話，大家都印象深刻：「別問國家能為你做什麼——問你能為國家做什麼。」但沒人知道，總統的演講撰稿人泰德・索倫森（Ted Sorenson）來自秋特高中（Choate High School）。該校校長向新生致詞時總是說：「別問秋特能為你做什麼，問你能為秋特做什麼。」索倫森尋找靈感時，只是把這個舊點子挪用到新情境裡，這就是個「搬移」借用法的好例子。

CHAPTER 28

逼人去尋求協助

我們正面臨一種流行病，但這種病與生理病痛無關。什麼病呢？大家不願意承認自己需要協助。這種病散播得越來越快，因為越來越多人擔心經濟不景氣時工作難保。

有些經理人單純是「不知道自己不知道」，有些則知道自己需要人幫忙，但擔心一開口求援，會得到這種回應：「如果你做不來，我們就找有能力的人來做。」還有一些人則怕無法負擔外援，但如果他們知道「求救」能多快回本，可能就會改變心意。

你不會指望管理者是法律、資訊科技或廣告專家，你也不該期望他們是採集點子的專家。

公司內有問題拖了好幾個月或好幾年嗎？經理人或改進部門有沒有把工作做好？若是沒有，他們大概需要協助。

PART 3

鼓勵團隊採集低垂的果實

改進組織的最佳點子，來自與工作最切身相關的員工。大家不會突然想到好點子（當然，洗澡時例外），而是要公司上上下下，許多人一同努力尋找與解決問題，才能得出好點子。這或許不會花太多時間，但的確需要動力。要創造與維持這股動力，得要團隊裡人人都有心改善公司。

若想建立這種個人熱忱，你不能只跟團隊談論改進有多重要，光說不練是沒有用的。除非每個成員能親眼看見自己與公司都有所得，否則他們就算嘴上認同，實際上卻會破壞改進的成效。

目前各種增進盈餘的方法中，激勵經理人是最重要的一個。好消息是，它也是最容易做對的一個。

CHAPTER 29

以點子為基礎來規劃預算

如果距離你提出年度預算的時間還有幾個月，請把本章名稱當成動力，從現在開始執行。進行預算程序時，如果知道自己有一大筆新資金，從一開始就確定明年有好幾百萬美元等著你用，這種感覺很好吧？比起平常處處不夠、有待補足的預算（有時真的差很多！），現在你有滿滿的盈餘等著規劃用途。

更重要的是，你還能達成每位財務長的終極夢想——紮實、可靠的預算。關鍵就在於規劃預算時，你要**以點子為基礎**。多數的預算都是拿前一年的數字做基礎，再加減調整——這裡多一點、那裡少一點；這邊成長多一點、那邊成長少一點。

如此調整過數字後，通常還要做簡報與試算表，解釋數字之所以這麼調整，是因為要推動某種大型計畫——可能是把九間工廠整併為六間，要投資開拓東歐市場，也可能是新的佣金制度要上路了。

遺憾的是，你很難預測這些大型計畫會不會成功，也沒辦法完整解釋數字為何這麼調整，再怎麼說明，也只是有助於修改前一年的數字而已。

以點子為基礎來規劃的預算，要以目前的營運績效為起點，再加入每一個預計實行的點子——不是那種缺乏細節的大計畫，而是針對各個問題所提出的解決辦法。每個點子都會對財務造成影響，改變當下的績效，反映出的價值也十分明確，是點子擁有者能確實掌握的價值。如果價值要估得很保守，才能百分之百可信，那也無妨。

這樣估算出的預算非常可信，因為是建立在每個能明確解決問題的點子上。

預算季理當是收穫最旺之時，但這不代表一年的其他時候不能成長與豐收！

CHAPTER 30

害主管無法更上一層樓的一句話：「我要每個人都同意」

二次世界大戰後的幾十年間，大公司以軍事化方式運行。發號施令與嚴密控制是常態，大家也期待領導者自行裁決麾下部隊該如何行動。

到了近期，決策者開始改採更涵括式的管理方式，往往由團隊共同做決定，而非由當責者全權決定。而且，不僅是採行民主投票，許多領導者追求的是完全一致。領導者的角色比較像教練，而不是明星球員。

但有些領導者走火入魔了。一個好的領導者之所以無法更上一層樓，就是因為這句話：「我要每個人都同意。」只因為團隊裡有人反對，領導者就遲遲無法做決定，我們看過太多這樣的例子了。一個點子不過二十人當中有一人不喜歡，就因此遭到否決，彷彿二十個人通通討厭那個點子似的……就算老闆本人喜歡也沒用！

除了遲遲無法做決定以外，要讓**每個人**都參與還非常耗時，得開一堆會、寫一堆電子郵件、歷經無數在走廊間的對話：「等等，我們得聽聽瓊安的想法。」在此同時，點子能帶來的利潤便一拖再拖，遲遲無法兌現。

這些領導者相信，使團隊密切參與和保持生產力的唯一辦法，就是要讓每個人參與決策過程——這實在大錯特錯。

好的領導者該不該確保團隊投入？該不該鼓勵下屬提出反對？該不該尊重團隊的想法？當然！只要團隊能提出鐵錚錚的證據，做決定時當然該列入考量。

領導者不該做的，是任由**沒有根據的個人想法**左右自己的判斷。領導者不該採納團員純粹出於個人意見而提出的反對，例如：「這決定讓我不安」、「不知為何，但我覺得這樣行不通」、「我就是不喜歡這方法」。

聽到這些沒根據的意見時，你就該當機立斷下決定，就算沒辦法人人開心也一樣！這樣做或許讓人覺得冒險，但領導就是這麼回事。一旦決策已定，多數人都會跳下來參與；如果有人不要，或許他們不適合待在你的團隊裡，更別提接受他們的反對意見了。正如諺語所說：「無法創造時勢，就只能隨波逐流。」絕對不是：「嘿，各位，我們看心情創造時勢囉！」

重視討論、辯論與反駁——但得靠決策力讓全員參與，而不是靠口舌。

CHAPTER 31

想要錢，就得花時間

凡是領導者親身參與的事，無論好壞都會成為團隊的第一要務。天底下沒有比親自領導更能激發團隊專注與投入了，你怎麼做，團隊就會隨之效法。鼓舞士氣的電子郵件、演講與備忘錄，也許能增強你以身作則的領導成效，卻永遠無法取代它。

倫敦政經學院（London School of Economics）的歐莉安娜·班迪亞拉（Oriana Bandiera）與安德莉亞·普拉特（Andrea Prat），歐洲大學學院的路易基·基索（Luigi Guiso）以及哈佛大學的洛菲拉·賽頓（Raffaella Sadun），以上四位教授指出，執行長每增加百分之一與員工共度的時間，生產力就會增加百分之二·一二。也就是說，執行長若想帶來改變，並不需要花太多時間。

一旦起而行，你會發現自己正處於互蒙其利的狀況。其中一個面向，是你能透過靈感、熱情與專業激發管理者，想想「教練」都怎麼做吧！

另一個面向也同樣重要，你的團隊會讓你領悟到，公司內的事務究竟如何運作，內部人才到底有多少能耐，有哪些人被埋沒了，哪些部門之間的關聯是你先前忽略的，以及公司真正的文化為何——這全都會改變你的領導方式。這跟當《臥底老闆》有點像，只不過這次沒有隱藏式攝影機！無論做簡報、寫備忘錄或電子郵件，都無法取代親自向第一線人員討教的功效！

CHAPTER 32

別提出讓所有人喪志的激勵

沒什麼比「說一套、做一套」更能打擊團隊士氣的了！舉個你能輕鬆避免犯下的錯誤：別一邊提供主管們獎勵旅遊，讓他們（可能還包括另一半）飛去度假村玩，又一邊強調公司該更加善用時間與金錢！

除此之外，大多數有去度假的管理者，都不認為花時間飛去某個地方吃大餐真有這麼值得。

我們不反對移地開會和度假，而是反對浪費時間與金錢。有位執行長決定利用度假計畫，來讓公司練習創造動力與解決問題：他讓大家比賽，看誰能提出一個比過去更好玩、更有生產力，卻也更便宜的獎勵方案。

最後他得到了許多好點子，其中一個點子很大膽：捨棄過去冗長花俏的晚餐，以獨特的在地餐廳酒吧（就是美食頻道節目《樂享美妙旅程》（Diners, Drive-Ins and Dives）裡面介紹的那一類餐廳）取代。

這些餐廳也有美食，而且價格非常親民。這就是言行一致的最佳範例！

CHAPTER 33

冒牌企業家症候群：「我做得越好，你就把我看得越差」

把恐懼趕走。

——威廉・愛德華茲・戴明，統計品質管制與精實製造界巨擘。

恐懼與驕傲會毀掉盈餘。

恐懼也會悄悄地打擊士氣，怕自己看起來表現差勁則是最糟糕的一種恐懼。想像你花了好幾年，建立起表現優異的聲望。接著有一天，公司來了位顧問，他檢視了你的工作成果後，向老闆報告你的負責範圍「還有很多進步空間」（顧問都用這種說法來表達「問題很大」）！老闆叫你去討論顧問的呈報結果，這時你會興奮不已，還是怕得全身發軟？如果是興奮，那你還真是與眾不同！

如果多數人心懷恐懼，將顧問針對其部門所提出的「改進機會清單」視為「失敗」的同義詞，你覺得他們會多有動力自行列出待改進之處？事實上，顧問這行業之所以能夠蓬勃發展，不就是因為公司自認下屬沒能力揭露問題嗎？「驕矜必敗」的道理大家都懂，驕傲也會悄悄扼殺動力。你和下屬可能花了好幾年建立聲望，讓大家知道你們能力超強，結果公司現在要你們列出所有能表現得能更好之處。你會擁抱這個機會，歡喜地告訴大家你們還能多做哪些事嗎？還是會因為對過去的成就感到自傲，抗拒任何帶來進步的新點子？

每次提出建議時，你有多常聽到主管這麼回答：「這個我們研究過了」？或許他們真的研究過——可能是最近，也可能是很久以前——但更多時候，這不過是用來向外人否決點子的說法。

這種症狀其實很好解決。首先，在要求任何人尋找新的解決方案前，先一再大聲承認恐懼確實存在。再者，領導者應該清楚表明，他們相信表現優異的管理者，確實比表現差的管理者更有能力找出增進生產力與利潤的方法。為什麼？因為優秀的管理者更能激勵團隊找出並解決問題，也更能制定決策。最後，每當有人找到該解決的新問題時，請務必誠心讚美他們！

CHAPTER 34

讓公司更好，是每個人的「第一要務」

你或許不相信，但有些員工的確不認為自己有義務改變公司現狀！想想我們之前在第一部分提到的客服中心。消費者打來反映各式各樣的問題，客服經理的工作是要確保公司有足夠訓練有素的員工，能有效處理這些問題。許多被提出的問題，其實公司一開始就能避免出錯，進而讓消費者開心，連帶減少客訴電話。但是，想避免出錯，需要產品設計、執行、銷售與行銷部門協力找出問題來源並解決。客服經理大多不認為自己有責任領導跨部門的合作，避免問題發生。

我們與上千位主管合作過，他們都誠心想做好工作，卻不瞭解自己在開發好點子、改變現狀的過程中，應該扮演什麼樣的角色。

給你的主管們換個新職稱、重新描述他們的職責內容，就能解決這個問題。它其實比你想像中來得常見，畢竟美國總統除了是總統以外，也同時是三軍總司令。同樣的，貴公司的採購協理可能同時也是十二樓的消防隊長。第二職稱與其職務描述，要講清楚該職位的職權與職責範圍。

流程一旦制定妥當後，要直接向你回報的人，就有責任領導大家解決問題，為公司增進盈餘。

請給予這些要向你直接回報的人相應職權，讓他們有權帶領大家解決其職責範圍內的問題。

CHAPTER 35

滴水不漏

消費者付錢向我們買的就是這個：注重細節，滴水不漏。

——史蒂夫．賈柏斯

不久前，我（泰莉）從芝加哥飛到茂宜島過春假，我們知道不該抱怨。老天，茂宜島風光明媚、景色秀麗，而且夏威夷人真的很好客。至於飛過去的旅程？可就沒這麼宜人了。

搭飛機已經不像以前那麼難受了，但經過這趟旅程，我以後絕對不會再選同一家航空公司（這裡就不公布名字）。班機延誤、餐點難吃，而且飛行時間這麼長，卻完全沒有娛樂設備；就算是頭等艙，座位仍然很窄，椅背也無法順利後仰……嗯哼，這些你都聽過了，孩子們在推特上都管這叫「有錢人的問題」（#richpeopleproblems）。

有趣的是，這些都不是我未來不選這家公司的理由。為何我決定去其他航空公司累積飛行里程數（我可是很常搭飛機的）？答案是：煙灰缸。

往返的班機上都有煙灰缸，當時我並不知道美國從什麼時候開始在國內班機上禁煙，但猜想應該施行非常、非常久了；正確答案是，美國國內班機從二○○○年開始便全面禁煙。雖然該家航空公司飛安紀錄良好，我還是很不安。我的兩個寶貝孩子也在機上（他們是青少年了，所以我沒事可不會把寶貝二字拿出來講），而從機上還有煙灰缸這種設計來看，機齡似乎非常高……高機齡感覺上就等於不安全。

華特．迪士尼（Walt Disney）與賈柏斯在這方面就做得很好。他們知道好與傑出的區別，就差在細節上。細節非常重要，也很難做到好……因為實在太多了！這就是為什麼大家說，上帝與魔鬼都藏在細節裡。

無論你是管理收發室或整家公司，都要注重細節到滴水不漏的程度。這個方法最能督促你身邊的每個人，把增加公司盈餘當成第一要務。賈柏斯是出了名地注重細節，這甚至成了蘋果公司一部分的基因；這樣的堅持，也為蘋果設計的商品帶來巨大成就。然而很多人不知道的是，這份對細節的堅持，也影響了蘋果設計其商業流程的方式，這點與堅持細節本身同等重要。蘋果擁有全球頂尖的供應鏈，他們有能力設計與製造出蘋果的優秀產品。噢，他們的零售門市也是全球頂尖，當然一部分是因為產品厲害，但賈柏斯非常注意零售門市的每個細節——連階梯也不放過，它的設計實在太有創意，甚至還獲得智慧財產權的保護。

賈柏斯身邊的每個人，都知道他極其在意細節，所以做事也變得跟他一樣在乎細節、滴水不漏。基於這樣的精神，蘋果得以建立優異的創新文化。你可以時常問團隊能如何改善細節，以此激勵他們。

把這當做你的新習慣，與大家談談公司的流程或產品細節，再問大家能如何改善那個細節。

有家規模大、體質健康且仍在不斷成長的公司（名列《財星》前兩百五十大公司），執行長建立了一項新政策，要求主管凡是提出擴充要求，就算只是增加一個新職缺，都要在與執行長的每月執行委員會議上解釋緣由。

該位執行長會深入探討細節，要求主管與執行團隊思考，有什麼方法能在不增加花費的前提下，達到原先擴充計畫的預期效果。如果真的只能靠花更多錢來賺更多錢，執行長便會同意執行計畫，鼓勵主管協助公司成長。但許多時候，一旦他們深入探究細節，就會發現還有其他聰明的辦法，能籌措到新職缺所需的資金。

起初大家都抱怨執行長管太多，徒增官僚程序。幾個月之後，全公司上上下下逐漸改變，也如執行長一樣，開始永無止境地提出問題與堅持細節。

CHAPTER 36

集結大軍

平凡的公司讓員工有事做，創新的公司讓員工有努力的目標。

——西蒙・斯涅克（Simon Sinek）

運用號召力召集大軍，而不是上會計課

很少有主管聽到一個新作法將如何改善「EPS、ROI、ROA、PE multiples、EBITDA、淨收益」[1]時會覺得受到激勵，更不要說是第一線的員工了。但企業主管描繪成功願景時，總覺得一定要使用這些術語。這一大串頭字語及其他形式的企業用語實在太無聊、太抽象，並未告訴大家「這到底對我們

1 各頭字語分別為：每股盈餘（EPS, earnings per share）、投資報酬率（ROI, return on investment）、資產報酬率（ROA, return on asset）、市價對盈餘倍數（PE multiples, price earnings mutiples）、稅息折舊及攤銷前利潤（EBITDA, Earnings Before Interest, Taxes, Depreciation and Amortization）。

來說是什麼意思」。

若想強而有力地號召大軍參戰，必須清楚告訴大家為什麼你要他們和你一起並肩作戰。

想像一下你和另一半開家庭會議，告訴孩子要縮減幾項開支，且會影響到他們。孩子問為什麼，你說：「為了讓年儲蓄率翻倍。」孩子滿臉無聊地又問：「這些錢你要拿來做什麼？」你答道：「我們把錢存到戶頭裡，以備不時之需。」如果孩子正值青春期，他們可能會生悶氣，丟一句「隨便啦」給你。

我們換個方法再試一次。告訴孩子你知道他們很想去夏威夷，而你想到一個辦法。如果每個人都能接受一些新的家庭規則、都出一點力，比如「我們禮拜五晚上在家吃飯，省下一些錢」，這樣你就有錢帶他們去夏威夷。你預估剛好在放暑假的時候能夠達成目標，全家就可以去夏威夷了。你的孩子會自告奮勇，提出讓這筆夏威夷度假基金變多的點子（此外，可能存一部分起來未雨綢繆）。

其實我們的感受依舊跟孩童時期一樣，主要差別是，小孩會大剌剌地表達憤怒，員工則多半會悶不吭聲，但越來越不投入心思工作，藉此表達不滿。

所以要激勵你的員工，就要說出你會用他們找來的錢買什麼，好讓公司更茁壯、更強大、更有影響力，而且也更賺錢。

一位執行長告訴他的員工：「我們準備耗資一億美元推動全球品牌再造，這可以讓我們各種業務都能利用業界最好的企業品牌。從測試中，我們知道這可以讓我們更容易招攬新客戶，也幾乎能立刻增加交叉銷售。如今萬事具備，只缺一項東西——一億美元。只要我們找到方法存到這筆錢，就能推出新品牌。讓我給大家看看這個品牌再造活動是什麼模樣，以及它會如何發揮效力。」

這家公司的領導團隊都瞭解公司會如何使用這一億美元。

計畫最後奏效了，存到一億美元後，這家公司重新打造它的品牌。

你可以試試看：下次開管理階層會議時，發下三乘五大小的紙卡，請每位主管按照優先次序，寫下運用今年利潤的三個方式，看看團隊成員的答案有多一致，以及有多符合公司實際支出的方式。

如果管理階層沒有完全瞭解，無法達成一致的優先次序，你就可以確定第一線員工肯定也不清楚。

要解釋你想達成什麼目標，而不是你想賺多少錢。

拋棄頭字語

「我們要發行 PIP，這能讓我們省下所需的 PE 與 NPE 支出額度，以增加 EPS 與 PE 比。我們要投資符合正 NPV 計畫的 IRR 門檻的點子。我們的 PMO 會幫助 DRI 發展 SCM 評鑑所需的 ILT。」[2]

你無法用三個字母的頭字語來號召一批大軍！接下來的兩天，算算你的團隊開會及簡報時用了多少頭字語。

寫兩篇召集大軍的演講——一篇有平常那些頭字語和術語，一篇完全沒有。哪一篇訊息傳達得更清楚，更能啟發員工，讓你和聽眾更有共鳴？

不做大就乾脆回家

人類從來沒有面對過現在這麼多的十字路口。一條道路通往絕望與失望，另一條則通往全面滅絕。願我們有足夠的智慧做出正確抉擇。

——伍迪．艾倫（Woody Allen）

為團隊定下目標後，你是否在「務實」與「大膽」間來回猶豫不決？

務實的目標，就是你知道能夠達成、甚至超越的目標。世上最能為你拉抬名聲、事業與獎金的作法，就是事前壓低期望，事後再表現出超乎預期的績效。不幸的是，「務實」往往是「緩步上升」、「比去年好一點」以及「毫不起眼」的另一種說法罷了。務實的目標往往會伴隨著一場毫無激勵效果的演講──「我們已經盡其所能地精實了」。是噢。

為了避免陷入自我實現定律，設下（大概）必可實現的低目標，現在到處流行設立遠大、驚人、大膽的目標（Big, Hairy, Audacious Goals，商管界稱之為BHAGs）。遠見十足的領導者，用這種目標來激勵大家盡其所能，突破自己原先意想不到、實際上卻有能力超越的極限。不幸的是，大多時候你無望實現這些野心滿滿的 BHAGs，它們通常也伴隨著毫無激勵效果的演講，「三年內，我們的劃時代的創新策略、商業模式與產品，將讓我們領先業界。」這種說法無法振

---

2 各頭字語分別為，PIP（績效改善計畫，performance improvement plan），PE（價格與獲利，price/earnings），NPE（標準化價格與獲利，normalized price/earnings），PE ratios（本益比，price-to-earnings ratio），NPV（淨現值，net present value），IRR（內部投資報酬率，internal rate of return），PMO（專案管理辦公室，project management office），DRI（直接負責人，directly responsible individual），ILT（資訊學習科技，information and learning technology），SCM Review（供應鏈管理評論雜誌，Supply Chain Management Review）。

奮人心，只會讓大家翻著白眼問：「是噢，那要怎麼做？他們為什麼要再搞這種註定失敗的事？」

如果你無法接受伍迪．艾倫的絕望，是否還有第三條路可走？大多數人犯了同樣的錯，以為遠大、大膽的目標得透過驚人的點子才能實現。難怪許多企業以為他們必須一棒轟出場外，才能取得高分；或換個比喻，以為他們得展開大型狩獵行動，發展出罕見又強悍的應用程式，才能領導企業進行大幅轉變。

想要得高分（而且一再達成），你可以靠著打出很多一壘安打來累積。大膽的目標往往不是靠著一次大幅改進一件事而達成，而是靠著小幅度改進許多事情。

為接下來的十二個月，設定一個大膽的目標——或許是分析師認為你該賺得的利潤，也可能是能大幅增進銷售額的客服滿意度。

接著要團隊針對每一項必經活動與廠商採購提出以下問題：「你有什麼不滿意的地方？我們有什麼更聰明的作法？」人人都會接受這種要求。

讓我們稱此為光禿目標吧（小提示：多髮的相反詞是什麼？）[3]。朝光禿大膽的目標邁進，它既大膽、重要又可行，這樣的目標絕對能有效提振士氣。

3 多髮（hairy）一詞在英文裡也有「驚人」的意思。

CHAPTER 37

無法創造時勢，就只能隨波逐流

有個老笑話是這樣說的：母雞告訴豬，農夫早餐最愛的培根與雞蛋與她脫不了關係。豬則對母雞說：「妳脫不了關係，我可是脫不了身。」

即使團隊表示支持新點子，當中許多人很可能都是「雞」。這些雞會滿心希望豬能為了大家的福祉，犧牲自己上餐盤。

豬團隊和雞團隊兩者可是天差地遠。不幸的是，要對付團隊裡的雞，只有一個辦法：叫他們走。當然了，公開聲明你要趕走無心採集點子的主管後，有些雞便會自動變成豬，你也就樂得輕鬆，不必趕走他們了！

如果無法趕走雞，你便得面對一群消極的雞，還有生氣的豬。

試試這個方法：團隊向你做的每項報告，是否與你的目標一致？以此為基準給報告打分數，公開支持你的目標，並積極採取行動以實現目標的報告，才能評比為Ａ。

別對無心奉獻的成員心軟，就算他們能把份內事做得很好也一樣。如果業務部長能力很強，卻老是不配合你一同改善公司，絕對別對他客氣。

我們從來沒遇過哪個主管，希望自己當年應該多等一會兒，再剔除無心與自己往同一個目標邁進的成員。他們懊悔的永遠都是：「當初實在應該早點行動！」

CHAPTER 38

別在公司打地鼠

官僚體制：名詞，意指你希望獲得的東西尚未遭到拒絕前，你就想「一頭撞上牆」。

第五章裡提到的官僚體制，其中隱藏的層層繁文縟節，就像是拿主管來玩打地鼠，一再扼殺創意。他們探出頭，向你提出建議，結果──咚！你要他們回去多做幾個分析。他們探出頭，奉上新的分析，結果──咚！你叫他們去多說服幾個單位。他們探出頭，回報其他單位也表示支持，結果──咚！你說財務長不同意這筆投資。他們探出頭，遞上修正後的提案書，並表示這次財務長點頭支持，結果──咚！你說本案必須延後，得等到下一季的戰略計畫完成後才能進行。

就算是最勇於衝鋒陷陣的管理者，最終也會停止探出頭。不幸的是，多數企業的決策制定過程，都是在打地鼠──會議一個開過一個，分析多到讓人癱瘓，簡報聽到麻痺，接著就是千篇一律的「我們還沒決定」。這章的主題是激勵管理者，我們想強調一點：一旦員工瞭解決策制定不會延宕，就能產出比從前多得多的點子。第四十八章會對此再加以探討。

想知道工作現場究竟如何嗎？跟幾位主管一同去公司餐廳坐坐，請他們告訴你，提出的好點子若要得到獲准，得先經歷哪些難關。這不是叫他們打小報告，而是你單純想瞭解他們到底要做哪些分析、與誰會面、請誰簽核，以及要花多少時間等等。

CHAPTER 39

先打敗隊友，才能贏得最終勝利

冠軍團隊總是由最理想的成員組成——大家都把團隊看得比個人重要，且一心只想在競爭中獲勝。

在更衣室的時候，顯然每個隊員都想要比別人更閃耀：想當「最有價值球員」，想要有輝煌事蹟能拿來說嘴。

沒錯，他們希望自己的隊伍出類拔萃，但每個人也同時想當隊上的第一名。如果管理得當，個人競爭非但不會妨礙團隊最需要的團結精神（在第四部分有更多著墨），還能幫助每位團員發揮個人最大潛能。

有個極佳的方法能激勵同儕與下屬：創造一場友善的競爭，且過程皆以團隊合作為要務、心無旁騖。

想知道公司裡哪個單位最常提出能創造高額利潤的好點子並不難。你只需要提醒每個人，他們正在與他人競爭，比看看哪個單位擁有最佳的問題解決高手！

CHAPTER 40

「怪罪他人」症

聲名卓越的執行長詹姆士・基爾茲（James Kilts）扭轉了吉列公司（Gillette）的頹勢，大家都知道他的小故事：他對手下的主管說，若你覺得公司花費過高便舉手，大家都舉手。接著他問，有誰覺得自己部門花費過高，你可以想像，這次完全沒人舉手。公司有問題，都是別人害的！

「怪罪他人」症會悄悄扼殺士氣。畢竟，如果其他部門大有問題進而拖垮公司，我們團隊又何必兢兢業業地處理每個小問題？

若想避免這個症狀，領導者——無論是第一線的督導人員，還是《財星》千大企業的執行長——首先都應學學基爾茲，把問題點明。一定要讓大家承認，他們都覺得錯出在別人身上。

接著，要求每個人達成一個困難的目標。天下沒有完美的事，所以你一定找得出來。

這裡有個絕佳例子：有位執行副總和手下團隊花了六個月，順利節省大幅開銷。當執行長決定啟動新計畫，要全公司一起帶動盈餘成長時，高層對那位副總說，你已經做得夠多了，可以選擇不參與這項計畫。

你猜他怎麼回答？「我的團隊也想參與，我們知道自己還有很多事能做。如果連我們都能找出更多改進空間，誰還能宣稱他們的管理已臻完美，無法更進一步呢？」

最後，領導者應該如第三十九章所說，在公司裡建立起「先打敗隊友，才能贏得最終勝利」的文化。良性競爭能激勵那些覺得自己「已經在辦公室有所付出了」的人。

CHAPTER 41

為何調暗燈光能增進生產力，給予關注則能讓股利激增

多數人都渴望受人矚目——就算看似偏好獨處的內向者也不例外，人性天生如此。若有新來的人（可以是任何人）開始注意我們的工作，我們就會做得更努力、更好；當對方手握權力，差別更是格外顯著。

一九二四年，有個生產力專家團隊想知道該如何改進美國西電公司位於伊利諾州霍桑鎮繼電器工廠裡的照明設備。女工每天在工廠裡謹慎纏繞繼電器裡的電線，這是份苦工，需要良好視力，且每個細節都不能放過。專家們想瞭解他們該如何改善照明系統，進而提升工廠生產力（以及利潤）。

不消說，增強光線能增加生產力。但他們做了對照實驗，將燈光調暗。結果呢？生產力也上升了！

為何會這樣？因為兩個實驗中，女工都知道有人在注意她們工作！這樣的關注遠比燈光的明亮程度更有效果，促進她們努力工作。

後來這種情況就被稱為霍桑效應，也就是一旦有人留意，工作成效就會上升。我們稍後會在第四十三章討論到，若能組成一個指導委員會，監督所有致力於發想點子、增進生產力與利潤的團隊，絕對能創造斐然價值。

指導委員會只要每個月花二十到三十分鐘關注各個團隊，就能得到十分驚人的效果。

CHAPTER 42

開槍有助於提振士氣

我們不是在說海報上玩的那種黑色幽默：「士氣沒起色，我們就會繼續開槍。」

我們在三十七章「無法創造時勢，就只能隨波逐流」裡提到，要激勵整個團隊，就一定要趕走那些無心向你的目標邁進的人——就算對方能力很強也一樣！的確，有能力的雞比平庸的豬有殺傷力得多，但不幸的是，沒能力的雞往往又有足夠的能力賴在職位上（如需回顧我們如何定義企業內哪些人是豬、哪些是雞，詳見第三十七章）。

我們認識一位厲害的執行長，他手下有一位分部長極為擅長創造營收，表現遠比其他分部出色許多，但他也公開否定了執行長想同時增進效率與營收的策略。該執行長決定撤換他（這位分部長十分驚訝，以為自己無可替代）。不出幾個月，新的分部長就大幅增進了工作效率，並建立起新的「團結」文化，鼓勵跨部門合作；從前大家以為只有前任分部長能增進營收，現在他也辦到了！

本章談的是不適任，特別是不適任的豬。多數組織裡，底層百分之五到十的員工，都是確實做不好份內事的人。

如果他們造成的傷害只是個人能力不足，或許你會繼續忍受他們，但有些事遠比他們的開銷與差勁表現來得嚴重，那就是他們會影響表現好的同儕，還會損害你的管理名譽。表現差者通常與其他人享有同樣的薪水、升遷機會與各種好處，這種不公平待遇會拖垮每個人，因為其他人會開始思考：「我何必認真？老闆根本不在乎我們做得好不好。」

更糟糕的是，表現差者可能很擅長往上爬——讓老闆以為你做得很好，但同儕都知道根本不是這麼回事，這套自古以來屢試不爽。

團隊裡不適任的雞通常不難發現與剔除，因為這種人缺乏熱忱又能力低落，他人一下就能注意到。

但不適任的豬就比較棘手了。他們可能非常樂意為公司奉獻，可能是心腸最好的下屬，或是你心裡有數、很難找到另一份工作的人。

你可能會以為，我們建議你把表現差的人換掉，錯了！首先你該與團隊一同合作，試著簡化工作流程，這樣一來，就不再需要那些老由表現差者擔任的職位了。

這個方法不但能讓你的單位更有效率，減少表現差的隊友，還能幫你省時省錢，不需再另聘新人。畢竟，你日後搞不好會發現，新聘來的員工表現也很差！

PART 4 團結不是無法達成的夢想

有個好玩的事實：一家超級大公司的資訊系統，最多可儲存一千萬GB的資料，而**一名員工**的大腦儲存量大約一百萬GB！所以就算你在一家建構龐大資訊系統的企業工作，員工加總起來的整體知識量，依然是資訊系統的**上千倍**！

的確，十年前你最好的客戶所下訂單的庫存計量單位（SKU, stock keeping unit），你的資訊系統會知道，而你的員工不曉得。但是某個員工會知道你的最佳客戶喜歡每年受邀，到你的測試廚房（也就是研發部門）看看最新的發明成果——資訊系統不曉得這件事。

目前我們已經討論過，如何讓每個人具備解決問題的**技能**，以及更有動機的**意願**。這些都不可或缺，但光這樣還不夠，好的資訊當然也不可或缺。就如同資訊產業流傳的一句話：「輸入的是垃圾，輸出來的也是垃圾。」

為了確保決策者能掌握好的資訊，公司花了數十億美元打造不斷改良的資訊系統，因此決策者也慢慢相信它是最主要、最可靠的資訊來源，企業資源規劃系統如今正火熱。

我們瞭解大公司需要超高速、強悍的數位資訊系統才能運作，但是依賴資訊系統的下場，會使我們忽略了由員工所組成、其實更龐大的人工資訊系統。學會利用這個人工系統，將讓你掌握超凡優勢，即使你只比競爭對手**多會那麼一點點**也行。

我們必須合作才能**快速精準**地分享資訊，讓潛藏的真相得以大白，並刪除錯誤的假設。用普拉特（Lew Platt）的話來說，創造一種合作模式讓公司能夠「知道它所知道的」很困難。許多好點子會寸步難行，都是因為即便能夠積極、熟練地解決問題的人，在無法從他人得到所需資訊時也會動彈不得。

隱瞞資訊有許多原因。有些沒有惡意，比如某領域的員工真的不知道他們手上的資訊對其他領域的人有幫助；有些居心不良，比如公司某部門的員工故意隱瞞，不讓財務部門知道有些產品過了售出期限還在倉庫裡。他們知道一旦財務部門知道這件事就會重估減值，這會影響該部門的利潤，進而減少紅利獎金。

在沒有惡意跟居心不良之間存在許多不同的行為，第四部分的章節將告訴你如何加強合作——合作很重要，透過合作才能善用員工所知。

CHAPTER 43

組成指導委員會，確保左手知道右手在幹嘛！

公司由「各部門」[1]組成——這個詞本身就不吉利！

——華特・艾薩克森（Walter Isaacson）

過去二十年來，管理學大師、商業書籍、重要主管都同意這個充斥著流行詞彙的看法：獨立作業築起高牆，扼殺了創新，必須要用跨部門合作及團隊協同來打破這道高牆！

他們也同意合作很難，但沒人提得出好的解決方法，因為他們不瞭解真正需要解決的問題是什麼，反而有這種迷思：合作之所以困難，是因為主管們不在乎合作、不瞭解合作的價值，或他們討厭彼此（最後一項有時候真的會發生！）

在討論真正的問題前，很重要的一點是要瞭解在現今複雜的世界裡，成功

1 英文的部門（division）與分割（divide）的名詞型態相同。

的企業不只需要各個部門能力強悍，其實各部門的需求會**相互競爭**。舉例來說，保險公司需要能保護公司免於不合理風險的承保部門，也需要積極開發客戶的業務團隊。為了管理大型承保作業，以免太有侵略性而毀了公司，成立一個謹慎為上、降低風險的部門就很重要了；要管理龐大的業務團隊，以免不夠大膽以致沒有成長，成立一個將公司導向高風險的部門就很重要了。在大部分的企業中，沒有非黑即白、一律通用的簡單規則，所以這兩項需求相互競爭不只很合理，也必須如此。

改善合作的真正關鍵，是如何找到只有贏家的計畫和想法！它們就是低垂的果實，所有部門團隊都想做，也讓公司更強健。

還記得投資銀行銷售部門和研究部門協力合作，改為撰寫每日一頁研究報告摘要的例子嗎（請見第三章「連問五次「為什麼」，才能看見真正的問題」）？兩個部門更瞭解彼此的需求後，想出的解決方案不僅維持研究部門的高標準，也讓銷售部門能空出時間接洽更多客戶，又有堪用的研究報告，每個人都是贏家！

如果能把重心放在那些有共識的點子，就很容易達成跨部門的合作。要展開這種合作，最關鍵的一步就是成立指導委員會，由越多部門成員組成越好。你如果是執行長，作法就很簡單——指導委員會就是你的管理團隊；如果你不是，你就得邀請別人加入指導委員會。

指導委員會應以團隊身分共同審查、核准所有想法，這樣做既有效率，也可以很好玩。然而，最重要的是，指導委員會打造了高層對高層的合作。讓兩個部門的主管坐在一起，告訴各自的團隊如何共同合作以解決問題，沒有什麼比這個更厲害的了。

CHAPTER 44

「袋中漁夫」行得通，但萬萬不可「袋中否決」！

有一點年紀的人，應該記得早期釣魚用品「袋中漁夫」（Pocket Fisherman）的電視購物廣告，宣稱它是繼魚鉤之後最大的改良！好吧，我們都覺得袋中漁夫不錯，但我們反對袋中否決（pocket veto）。

我們剛開始跟一家天然氣電力公司合作時，一位資深主管說，他不會讓他的團隊分析一個我們看起來不錯的點子。問他原因時，他答道：「我們最近試過了，不管用。」我們問他是**多最近**的事，他跟我們說……注意囉，是「十五年前」！

在大部分的企業環境中，主張改變的人得擔負全責，必須證明某個點子有用；反對者往往什麼也不必做，就能扼殺這個點子，我們稱之為袋中否決。反對者利用權位來扼殺點子時，不覺得自己應該說明為何反對，可能只需要一句「我們覺得這樣行不通」、「幾年前試過了，結果很糟」、「我們根據經驗不支持這個點子」。

身為決策者，你可以透過改變決策過程來轉移舉證責任。如果支持者能證明他們的點子將如何增加盈餘，反對者就有責任用事實解釋為何不該核准它，而非用權力、政治或地位壓人。如果你把能增加盈餘的點子帶到指導委員會，所有反對者都應該提出事實，證明這個點子的風險超過效益。

剛剛提到的天然氣電力公司主管常年有權「袋中否決」想法。若能轉移舉證責任，公司就能要求去分析這個點子，請該主管以事實證明為什麼現在執行它會失敗。結果那位主管無法證明自己的論點，新點子因而成功落實。

CHAPTER 45

舉辦協同工作坊

天哪，如果我們無法同心協力，就會一個個分別上絞架。

——班傑明．富蘭克林（Ben Franklin）

公司常常把專家集結起來，所以協同工作坊究竟有何不同？協同工作坊能帶來新的營業收入和／或節省成本。它非常有組織，專精於分享資訊，能催生低風險又能創造盈餘的點子。工作坊的規劃和設計，能確保這些會議成效驚人。

有家公司籌辦了「工廠分享日」，這有點像是就業博覽會和相親的綜合體。當天旗下三十間工廠彼此見面、討論合作可能，結果讓人大開眼界。舉例來說，協同工作坊讓一個工廠團隊發現，若從公司旗下其他間工廠購入義大利餃，而不是跟外部廠商購買，他們一年就能省下超過三十萬美元。

許多好點子和機會在舉辦工廠分享日之後出現，讓專家們可以互相學習。舉例來說，有一位工廠工程師很喜歡用不同的機械零件來修理、調校，他一直都不滿意生產調味包的機器；機器雖然快，但很多包裝沒有封好，導致調味料滲出，所以廢品率也很高。工程師不斷調整，直到……你看看，他終於修好了！工廠分享日當天，他才知道其他有同款機器的工廠都碰上一樣的問題，其他工廠的經理得知解方之後很高興！只是簡單的分享，效果竟然如此驚人，產量提升、數十萬美元入袋。這位工程師也在主管會議中，受到營運部門主管和執行長的表揚。

CHAPTER 46

每個月務必要舉辦一次的會議

還記得第三十一章「想要錢，就得花時間」嗎？大部分領袖認為自己謹慎地做決定，與團隊溝通輕重緩急。有時確實如此，但更多時候，大家都是下意識地排定優先順序：不是聽領袖說了什麼話，而是觀察領袖的行為。

反應你輕重緩急最強烈的訊號，就是你怎麼花時間。如果領導人親自參與、協助執行，大家就都很清楚落實是首要之務。如果領導人不是這樣，不管大家交出多少份每月進度報告，還是會失去重心和紀律。

因為老闆親身參與的影響力驚人，所以只需要投入一點點，就能收效甚鉅。即便只是每一、兩個月抽出**一小時**，也足以建立當責，藉此縮短點子核可後承諾要達成的效益，和實際執行之間的差距。

很難想到比這個更有時間報酬率的事情。

CHAPTER 47

來吧，慶祝好時光

若想建立團結及創新的公司文化，慶祝成功很重要。每個月都有團隊順利執行很棒的專案，展現出你想鼓勵的所有作為：追求進步的強烈動機、有創意地解決問題、想法開放的合作、全心投入公司及顧客而不是各自作業，以及能夠貫徹始終，交出比當初承諾更好的成績。

要以這些行為塑造出核心文化，怎麼做最有效呢？答案是**對個人的認可**。不是一封謝函、電子郵件或一塊匾牌，不是一張支票或禮券，任何寫著「我知道你是誰，謝謝你的付出」的東西，都比不上**親口說出**「我知道你是誰，謝謝你的付出」。這只需花你幾分鐘的時間！

盡可能涵蓋越多貢獻者越好——別忘了資淺的員工。讓團隊領導人做個簡短報告，介紹成員、專案內容及其效益。

你要仔細聆聽，至少問一、兩個問題，以凸顯一些好的作為。我們很喜歡的一位客戶是公司的執行長，他每次都會起身跟團隊每位成員握手，直呼其名道謝。即使是最冷情漠然的員工，都會興高采烈地離開！

PART 5

決策與執行

好人每每敗在不好的體制之下。

——威廉·愛德華茲·戴明

想要推動新點子時，最容易在決策階段卡住。罕有公司設計特定的流程，讓好點子能夠輕易地迅速核准。事實上，決策過程根本**很少經過設計**，通常只是隨著時間演化而來，反映不同決策者的風格及需求而已。

稍早做過這個練習了嗎？沒有的話，現在做：跟幾位主管一同去公司餐廳坐坐，請他們告訴你，提出的好點子若要得到獲准，得先經歷哪些難關。這不是叫他們打小報告，而是你單純想瞭解他們到底要做哪些分析、與誰會面、請誰簽核，以及要花多少時間等等。你公司的流程，是否鼓勵點子發想和創新？

主管可能很習慣緩慢、痛苦的決策，但在你追問之下，還是會說出對於決策過程及決策者所感受的挫敗。

痛苦的決策通常不是**個人**出問題——容易的決策和困難的決策都卡在一樣的流程中，那才是問題所在！大家都以為容易的決策會以不同方式處理，其實大多數時候並非如此。

擅長決策的公司，針對容易和困難的決策，會採用不同的流程處理。後續兩章的內容，對建立「做容易決策」的流程非常重要。

主管們執行複雜活動、服務顧客的能力驚人，只要想想他們每天管理多少廠商、顧客、交易、員工、地點和規則，就知道他們實力卓越。業務確實龐雜繁瑣，但大部分公司的例常程序都處理得挺好的。

但是，一旦要推動改變，狀況就很不一樣。許多研究證實了多數領導人熟知的事——承諾沒有兌現！給大家一個例子：你聽過哪個公司按照計畫中的時間及預算，建置好企業資源規劃系統嗎？我們可是從來沒聽過！

你是否有在追蹤核可的專案、許下的承諾，以及最後實際交付的成果呢？如果有，數據可能會告訴你，小型專案在預算之內提前完成，大型專案則進度落後。

大多數時候，承諾跟執行之間的落差，是因為**過度承諾**，而非執行不力。作業開始前，大家活力十足、樂觀以對導致承諾過高，後來團隊面臨阻礙進程的一連串挑戰，才開始面對現實。

如果好的專案能盡快完成，過度承諾有任何實質傷害嗎？有！長期過度承諾會摧毀創新的文化。創新需要投入時間和金錢，才能達成一部分承諾的效益，過度承諾會摧毀支持這些投資所需的信任。如果你不時聽到「這個專案看起來很好，但我不相信他們提出的數據，因為他們**從來沒有**達到目標過！」，公司文化就有麻煩了。

容忍過度承諾的公司，不會是個愉快的工作環境。由於從沒達到承諾的盈餘，主管們會失望又驚訝，總在相互指責，讓氣氛很緊繃。同時，儘管專案團隊非常努力，成果卻只會離不切實際的期望越來越遠，所以也很失望。信任、績效和士氣都會因此一瀉千里。

要擺脫過度承諾有兩個方法。第一是追蹤，讓說出承諾的人負起責任，追蹤和當責不能只是空談而已。第二個方法看來容易做來難：不要再執著於發展幾項規模龐大、脫胎換骨、引人目光、費時多年、耗資百萬美元、策略上勢在必行的專案了。把重心轉為放在採集大量的好點子，這樣的專案通常能如當初承諾的履行，甚至超乎預期。

CHAPTER 48

「好」點子的三個必備條件

商學院獎勵複雜的行為，而不是簡單的行為，但簡單的行為更有效。

——華倫·巴菲特

本章標題特別強調「好」這個字，用來指稱具備以下三大特質的點子：

一、好點子帶來直接金錢效益，以及任何投資的淨利。

二、好點子帶來的效益顯然大於任何風險（通常是因為它風險極低或沒有風險）。

三、好點子能夠獲得公司所有相關部門的共識，認定應該核准它。

好點子格外獨特的一點，是在做決策**之前**，大家就有支持它的共識，這跟平常核准點子的過程相反。大部分的公司裡，每個點子各有其支持和批評者，有人被迫決定到底哪一邊勝出；更常見的是，做不了決定，只好一直拖下去！

好點子迷人之處，在於所有人都同意它應該落實，因此可以用迅雷不及掩耳的速度通過，我們看過很多高階主管發現幾天內就能核准上千個好點子時有多吃驚。

如果你覺得第三項特質跟第三十章（「讓主管無法更上一層樓的一句話：『我要每個人都同意』」）相互矛盾，記得第三十章講的是那些只有意見、缺乏事實，只能靠判斷的罕見決策。但是好點子有事實，能根據那些事實來達成共識。

要找到符合這些條件的好點子看似困難，但只要用對流程，其實比你想像得簡單。我們的客戶總是能很快找到許多好點子，而一旦找到了，好點子便很容易核准並落實！

CHAPTER 49

截止日的奇效

設定期限很短的截止日，能夠壓縮拖延的時間。多數主管在調查時說，公司做決定的時候，通常都做出好的決定；但是同一群主管也說，很多提案一輩子也無法決定是否執行，讓他們很沮喪。「我們還在考慮」通常就是摧毀一個好點子的罪魁禍首，讓它永遠不見天日。

水果在樹枝上成熟時，大自然給農人又短又明確的期限：馬上採收，不然就沒得收成了。當然，農場裡的水果會在可預測的期程內成熟，很容易就知道何時可以採收。

高階主管可沒這麼容易知道當下是採集點子的時候。主管請高層做決定時，會先減少或去除風險，此時通常也離達成共識甚遠。點子根本就還沒成熟，無法採收；努力發展它的團隊變得氣餒，便讓點子繼續掛在籐蔓上，永無止境地繼續開發點子。

要扭轉這種情況，你在發展點子的初期，就必須積極設下決定日期。有日期就有期限，讓點子不會慢慢凋亡。

舉例來說，我們跟其他幾家公司受邀，一起去競逐某個知名企業的工作。接下來的兩個月來，雙方溝通良好，企業告知下個月就會做出一些決定。一個月後還是沒消息，也沒人回應我們的詢問；好幾個月之後，我們假定自己沒有在競爭中勝出。失望歸失望，但我們想知道為什麼別家公司雀屏中選，以及我們有哪些地方可以改進，於是寄了一封電子郵件給財務長，詢問能否跟他在電話中簡短討論，請他給我們反饋。那時距離我們初次會面已經將近一年了，結果財務長回信說：「我們還沒決定」。

我們最近聽說這位財務長退休了，顯然他之後也不會做決定了！

沒有人反對僱用一家外部公司，但如果沒有設立下決定的期限，就不會有任何進展。

CHAPTER 50

聚焦小點子，取得大豐收

在預算內準時執行小點子，通常比大點子容易多了。要填補承諾跟落實之間的缺口，最簡單的方式就是開發許多容易執行的小點子。

很多經理認為自己不該煩惱這些雞毛蒜皮的小事，想展現自己有處理複雜、困難業務的能力，這就是他們這麼努力創造脫胎換骨大計畫的原因。

把重點放在脫胎換骨的大計畫立意良好，但也因此無法花心力尋找更值得的眾多小點子。

舉例來說，一家我們協助過的公司批准了一千個點子，預期獲得一億美元的效益。每個點子平均大約十萬美元，對營收數十億美元的公司來說，這是小數字。這家公司最後執行的成果，比當初承諾的**多出**百分之十五，而且**提前**好幾個月完成！事實上，短短六個月之內，這家公司便實現了價值五千萬美元的點子。

執行長和財務長稱此為他們公司專案的**黃金標準**。這些點子雖然不是轉型式的想法，成果確實讓公司煥然一新。

這就是構思小點子的魔力！

CHAPTER 51

用現有人力打仗，而不是你的夢幻團隊

我們合作過的每家公司，都有獨特的營運技能和強項。最容易確保新點子能夠順利執行的作法，就是利用這些優勢，因為員工開發新點子時，自然會從現有的技能和強項裡開發。

教練通常會根據現有的人才擬定比賽策略。當隊上有很多跑得快、個子矮的外線射手，和球員是高大強壯的灌籃高手時，聰明的籃球教練肯定會採用非常不同的策略。

不過經營一家公司和當球賽教練很不一樣。在職場裡，大家往往認為若要達成偉大成就，就需要有別於傳統的轉型式計畫，高層尤其這麼認為。不過，公司本身很少具備執行那些計畫所需的技能。

如此不匹配的狀況，勢必會種下日後計畫難以執行的因子，而它們本來應該要是提升公司盈餘的基礎才對！

如果你有幸經歷過企業資源規劃系統的推行過程，你就知道我在說什麼。這種專案一定比你預期的成本還高，耗費的時間比承諾得久，並為顧客製造數不清的問題。

為什麼會發生這種事？因為這要求公司在不擅長之處出擊，而非利用其優勢。解決方法：先著重能發揮自身優勢的絕佳點子，再來擔心那些公司不擅長的點子！

CHAPTER 52

只在必要時增員

到這個時候，你可能會問：「嗯，難道新技能不能用買的嗎？」答案是，當然可以！實行新點子，有時需要你們本來缺乏的技能，也可能是報酬夠大，理當購入新技能，例如：將資源投入採購部門，常常能迅速獲得豐厚的報償。

像法務這類型的部門，通常適合委內處理。與其聘僱外部律師，公司內部有自己的律師支付的費用較少，獲得的報償較多。

但是，發起一項需要全新技能的改頭換面大計畫，常常下場悽慘。購入能擴充原有戰力的新技能，才是合理的做法。

僱用**對的專家**，他們一定值得！

CHAPTER 53

擬定能協調執行的「點子飛行計畫」

假設某部門想出二十個很棒的點子，既能提升客服又能省錢。滿腔熱血的部門主管相當有信心，承諾要在兩季之內執行這些點子。

一開始所有事情看起來都很順利，但後來需要其他部門共同參與，才能讓想法開花結果，於是速度慢了下來。沒人反對這些想法，而且大家都很努力……只不過要得到所需支持，必須花上很久的時間。法務部門說，他們還有其他要處理的優先事項，無法花好幾個月在這個專案的法務上；資訊部門說，他們會把這些想法排入目前的工作清單，但可能要過幾個月才能著手；行銷部門說，他們很愛這個想法，但他們才剛跟客戶好好溝通過幾項其他的改變，至少半年內不想再去跟客戶說還有更多調整。

各種延遲的理由看起來都有道理、說得通、沒有惡意，但是那位懷抱熱忱的部門主管，就無法如當初所承諾的履行點子了。

如何解決？擬定一項公司的主計畫，協調所有不同的計畫，讓整體計畫能以最少的干擾實現最大的盈餘。這項主計畫會成為每個人的承諾，大家都同意參與執行。

這可能聽起來不切實際、無法落實，但只要運用簡單的試算表或更精細的專案管理軟體，其實很容易做到。我們曾在客戶用的軟體中建置專屬功能，讓客戶不費吹灰之力，就能監督上千個點子的執行。

CHAPTER 54

執行點子的人應該幫忙開發點子：一開始就算他一份

規劃作戰計畫的人，很少親身參與戰事。

讓最貼近工作及顧客的員工參與點子開發。

二十世紀中葉蛋糕粉問世，幾乎讓烤蛋糕時**什麼都不用做**，過程簡單、味道也不錯。但是幾年後，蛋糕粉的銷售量不見成長。市場研究發現消費者認為少了什麼：動手做！原來，消費者烤蛋糕時如果什麼功夫也不用下，就不會覺得驕傲或開心。

傳聞是通用磨坊（General Mills）加入一個步驟——把水跟雞蛋和在一起——讓消費者覺得自己真的在烤蛋糕，其實這跟企業解決問題的真實作法有些出入。通用磨坊和貝氏堡（Pillsbury）發起廣告宣傳活動，將蛋糕粉重新定位，變成只是非常簡單的打底方法，烤蛋糕的人可以自己花時間和功夫來裝飾蛋糕，讓蛋糕有個人特色。

要自己下功夫，才會覺得這個東西歸我所有、感到驕傲，這是很自然的人類行為。

執行點子時也是如此，執行**別人的**點子時，可能不會那麼投入。一旦問題出現，我或許會覺得：「我早就知道**他們的**點子行不通」。

另一方面，執行**自己的**點子時，會心甘情願、費盡苦心，比較不會很快就放棄。問題出現時，我會覺得：「嗯，這只是一個小問題，我知道怎麼解決，我才不會讓自己的點子失敗。」

PART 6 當責是王道！

以農為業的農夫不只要收成作物，還要把作物拿去賣錢，這是理所當然的事。但我們還是得說出來，因為我們知道資深主管聽到執行點子可以帶來利潤時有多懷疑。這邊說的**利潤**，是指真的會反映在損益表上的利潤——也就是真的可以用點子賺錢！

無法履行承諾的人，一定要付出代價。主管常常嘴上說得很厲害，實際上卻讓下屬輕易脫身。沒有當責，**一切都不算數！**

就像很多流程一樣，怎麼收穫取決怎麼栽。要讓點子真的能帶來直接金錢效益，你必須從一開始就規劃整體流程以確保當責。第六部分要告訴你，該採行哪些步驟確保當責。

CHAPTER 55

魔鬼藏在細節裡：按月追蹤每個點子、每一塊錢

將發展出的想法付諸實踐，比只是空想還重要。

——佛陀

好的追蹤系統要能回答以下四個問題：

一、**哪一個人**要負責在預算內準時達到實質的財務效益？

二、要採取**哪些**特定行動？必須達到**什麼**特定的財務效益？

三、**什麼時候**完成？什麼時候開始獲得財務效益？

四、**為什麼**某些效益跟當初承諾的不同？

一定要有人負責追蹤，而且那個人一定要有權力確認點子是否實際上真的創造當初承諾的財務價值；如果沒有，這個人一定要事先提出警告，告知哪些點子很有可能表現不如預期。不這麼做的話，部門自然會搓湯圓，淡化表現不如預期這件事。有獨立的追蹤人員，才能避免這種事發生。

CHAPTER 56

黃金法則：撤回、取代

要每個人都為自己增加盈餘的承諾負起當責，你自己也不例外。

如果你照著我們目前討論過的方式做，百分之九十五以上核可的點子都能如當初承諾的行得通。有一些沒辦法做到，沒有關係，人生向來如此；有關係的是，某個點子失敗，主管卻逃過一劫、不用負責。

如果一個價值十萬美元的點子快要失敗了，當初提出這個點子的人，必須得到核准來撤回點子（如此能避免在執行階段發生類似口袋否決的事）。要得到核准，他也必須提出另一個**新點子**來**取代**要撤銷的舊點子，而且能夠如當初承諾的轉換成直接金錢效益。

「撤回及取代」代表盈餘成長的承諾。公司總是有進步的空間，撤回一個點子時，應該讓大家養成找到替代點子的習慣。

CHAPTER 57

編列預算前，追究錢到底要怎麼花

還記得第一章「為每樣東西標上價錢，停止浪費」（要「追究錢怎麼花」）嗎？如果你始終都追究錢到底要怎麼花，就會條列出項目來評估每個點子。

假設人資有個簡化招聘流程的點子，財務基線顯示人資部門現有十人負責招募，年資各有不同。要評估這個點子，負責實現利潤的人資團隊主管必須確認他們到底不需要哪些職位。這個階段他們還不用確定要解僱哪些人（實際上，他們可能會用遇缺不補的作法），但他們確實必須確認即將淘汰哪些職位。此外，這個點子可能也代表得減少一些第三方的招聘服務，團隊必須確認有哪些項目預算、會影響到哪些成本中心、有多大影響。

這個層級的預算編列精準程度，不只能確保你將點子的價值融入預算當中並加以追蹤，也建立所需的嚴謹制度，才能承諾**直接金錢效益**（hard dollar）。團隊主管不能再說因為他們的想法可以讓生產力提升百分之十，所以他們預計可以省下百分之十的錢。他們現在得說，可以將某個項目的預算減少百分之十。

間接金錢效益（soft dollar）會破壞當責，因為沒有人真的全心投入來實現目標。例如，某主管跟你說：「假使我們有新的軟體，我們一百個營運商每天就能省下三十分鐘人工通報的時間，也就是省下三十五萬美元！」這時你就要問他是否打算裁員，如果主管說：「沒有，我們不能裁員，但我們會省下很多時間。」這樣你就知道，這些是永遠不會影響損益的間接金錢效益。購買機器也許是個好點子，但理由跟原先的計畫不同，畢竟買了之後不會省錢！

任何團隊知道自己要負起當責時，就會在做出承諾之前，很小心地務實設想。團隊慢慢會習慣如何將第四章的問題應用在每個假設上：「怎麼確定真是如此？」，比較不會好高騖遠，說出像「我們的業績有可能成長百分之二十」這樣的話。他們反而會想要務實一點：「我們對自己的假設非常有信心，你可以把我們的預算編列十五萬美元。」

很多專案的效益都非常間接、模糊，即便根本不具這些特質的公司也是如此！一旦你發現很多目前進行中的專案，絲毫沒有表達出如何實現價值（如：「改善格林威治的工廠——三十五萬美元」），你可能會大為懊惱。

CHAPTER 58

別讓其他人宰制你產出的價值

新計畫常常達不到預期的財務標準，這是因為做預測的人不對。

舉例來說，假設業務部門決定新增一項業務培訓計畫。主管整理了一份提案，說明這些計畫的成本及其帶來的銷售成長，看起來很棒，也得到繼續進行的許可。執行期間，業務部門告訴人資訓練部門他們需要哪一種計畫；人資部門樂於執行，但回覆時表示成本會比當初預估的高上許多。業務部門同意繼續進行，但是業務經理馬上就知道，這個點子無法百分之百達成當初承諾的財務效益。

人人都覺得核可外部廠商僱用前，一定要先知道價格。同樣的，在核可內部支援之前，也一定要先知道費用才行。

大家可以想見，第一次預估的費用不免會引起懷疑，考驗雙方的合作——「你在開玩笑吧？請你們來支援怎會這麼貴？」

千萬不要讓一方許下財務承諾，而讓另一方負責履行承諾。

CHAPTER 59

想真正看到盈餘，就要鎖好金庫

很多公司抱怨他們的盈餘改善計畫沒有反映在損益表上，沒有帶來直接金錢效益，這是因為「水球」效應（water balloon effect）——壓低一處的成本，但另一處的成本卻增加了。

會這樣的原因很簡單。改善流程提供了**新的資金來源**，但是缺乏足夠的紀律規範，讓大家知道該**如何使用**這筆資金。

也許消費者部門找到能以嚴謹流程開發點子的方法，這些節省成本及開源的點子也經過核可，藉此創造兩千五百萬美元的新盈餘。久而久之，該部門想要擴大產品創新、推出更多品牌權益的廣告、擴編業務團隊——這些決定有沒有受到規範呢？好不容易賺來的盈餘，是否浪費在這些沒有達到預期效益的支出呢？

我們有個簡單的方法可以解決這個問題：鎖好金庫。把新增的盈餘好好鎖在金庫裡，唯有依循我們之前討論過的嚴謹流程所提出來的新點子，才能打開這個金庫。這麼一來，無論點子會帶來收益或用掉資金都不重要，兩者都需要有務實的承諾為基礎，才能得到明確的核可。

花錢的時候，要採用跟省錢時同樣嚴謹的流程。

CHAPTER 60

追蹤你的職位計畫

所有管理團隊的人，都應該要有一份職位計畫。大部分的預算會規劃核可了多少職位，同時也列出那些職位的頭銜和職等。職位追蹤可以根據職銜和職等，顯示出實際需要的職位數量與薪資系統中現職數量的差異。儘管我們花了大錢建置薪資系統、人力資源資訊系統和總帳系統，職位追蹤依然非常罕見。它非常有用，能確保一處縮減的成本不會像壓水球一樣，壓下一處反而讓另一處凸起，使不該增加的成本增加。

職位追蹤能避免蔓延的職位緩緩侵蝕直接金錢效益。我們有很多客戶每月都會進行追蹤，如果發現有差異，團隊就得好好解釋了！真的需要新員工，就得提交承諾效益的新點子，並經過核可，所以只有在主管不願意承諾效益卻還是想增聘時，才會產生差異。主管很快會發現，需要承諾新的效益，才能僱用超出他權限的職員。這個絕佳規範能幫助企業推廣成功管理的文化。

CHAPTER 61

一開始做了什麼不重要，重要的是你完成了什麼

棒球名教練尤吉·貝拉（Yogi Berra）曾說過：「大家都忙著埋頭苦幹，導致一事無成！」你很認真工作、一心多用，感覺每天都還要擔心新計畫、解決新問題，要完成已經在進行的專案變得越來越難。你說了幾次「還在努力」，甚至更常聽到的「下個月開會時，我會給你最新消息」？每月開會報告最新進展，正是專案無法如期執行的罪魁禍首。

值得執行的專案如此之多，不可能有時間完成全部專案。如果每一項都做，就會拖到**最有價值**的專案——影響財務或避免災難的專案。要解決這個問題，你得將重心從進行中的普通專案，轉移到**完成重要的專案**上。

這麼想好了：你想要從現在開始的三個月，贏得三位新客戶的芳心，還是接下來的三個月，每月增加一個客戶？每個月增加一個客戶的話，你賺得更多。同理可證，完成最佳專案也是如此。

簡單的解決方案往往最好，一位主管在員工會議時導入「快速完工」審查後，證明確實如此。他請直屬下級彼此分享清單，包含參與的每項專案、專案的價值和預期完工日，最後列出一長串的清單。

接著主管請每個人決定哪些專案應該延遲，好讓最佳專案得以提早完成，並在整個高階主管團隊前呈現排序結果，以提高互依性。經過熱烈的討論、辯論與精簡後，應該「快速完工」的最佳專案組合出線！經過幾次這樣子的審查後，「快速完工」變成標準作業流程。

CHAPTER 62

投資報酬率：花錢投資很容易，但要確保能夠獲得報酬

你可能很清楚過去三年在科技方面投資多少錢，但是你知道這些投資實際上為公司的損益表帶來多少效益嗎？你知道實際結果跟當初承諾的差多少嗎？

假設你核准建置新的差旅費系統，資訊部門承諾系統九個月內會上線，財務部門承諾差旅費會減少五十九萬美元，並會裁撤兩名應付帳款職員。

問題來了，一旦系統上線，有人負責追蹤、確認公司整體差旅費真的如當初承諾的減少五十九萬美元嗎？兩名應付帳款職員真的有被裁撤嗎？

如果沒有，就是沒有人負起當責，這就是問題所在。

要解決這個問題，你可以發起一個「資訊專案追蹤報告」，記錄是哪些承辦主管負責達到資訊支出目標，**以及**負責達到效益的員工。把重點放在那些佔據企業百分之八十資訊支出的專案上，在報告裡追蹤承諾要節省的開支，對比以下四個實際節省的開支項目：

一、**成本：**投資及維護。
二、**效益：**儲蓄減少及營收增加。
三、**投資價值：**內部報酬率（IRR, internal rate of return）及還本。
四、**營業績效量尺：**如果適用的話採行，例如有些專案獲得核可，是因為能改善營運，像是縮短交易時間、減少錯誤或提升顧客滿意度。

CHAPTER 63

從錯誤中學習：反省報告

你清楚知道為何有些專案無法達成當初預期的成效嗎？瞭解之後，後續專案是否表現得更好？

通常這些問題至少有一個答案是**否定**的。

在運動界，常勝隊伍的教練會花很多時間跟選手回顧比賽影片，瞭解出了什麼錯、如何解決；軍隊也是如此，這叫做**反省報告**。每次訓練及實際操演後，軍官會跟下屬一起仔細檢視什麼做對了、什麼做錯了，如此才能改變以後做決定的方式。

大部分公司沒有一套嚴謹、獨立的評量方式，來檢視開出的支票是否兌現。最好的追蹤系統能在早期便提出可靠的警告，好讓你能相應調整，但很多公司在反省報告這一塊都做得不夠。

反省報告能追蹤承諾跟執行之間的落差，並告訴你專案落後或表現不如預期的原因。

你可能會覺得重新檢視失敗很討厭，但嚴謹和紀律是透明化重要的一環。附帶的好處是，你可能會發現你的團隊在鼓吹某些專案時，會更準確地計算效益，讓公司更可靠地分配寶貴資源。

不管是要贏得更多場比賽、拯救更多性命或經營一家公司，目標都一樣：仔細檢視失敗的原因，對提升將來成功的機率至關緊要。

PART 7

需要更多時間？找時間比你想像中更容易！

你瞧，在這兒，我們必須拼命向前跑，才能維持在原地。你如果想跑到別處，跑的速度就要加倍！

——紅皇后，《愛麗絲鏡中奇遇》，
路易斯·卡羅（Lewis Carroll）著

你必須覺得自己有時間，才會開始思考我們所建議的增進生產力和利潤的方式。

有太多人努力做沒有效率、低價值的事情，導致沒有時間修正問題。我們的朋友史提夫很喜歡這麼說：「我忙著跟在腳踏車旁邊跑，導致我沒有時間跨上腳踏車！」

很多主管都說他們和團隊沒有時間，一派大方地講出這個藉口——我們可不相信。

時間是終會消逝的資源，每天從指尖流逝。所有層級的領導者都感覺到時間的壓力，也因為有太多事情要做而害怕。我們工作時常常聽到有人拉高嗓子哭喊：「大家都太忙了，我們快崩潰了！」但是，大家究竟是忙著做有**生產力**的事，或只是在瞎忙？我們認為通常大家就只是瞎忙（嗯，兩位筆者不是，我們從來不浪費時間……對了，我有沒有跟你說過這週末的足球錦標賽？還有，我們花一個多小時，聊聊這本書應該用什麼字型好了；等等，我需要喝杯咖啡……哎呀，岔題了！）

不斷湧進的電子郵件、開一整天的會議、公司計畫一個接一個；如果沒有滿足顧客需求，負面消息就會突然在推特（Twitter）出現等等，工作因為這些事情越多越多。領導人會那麼挫折，是因為覺得自己浪費很多時間做白工，卻不知道如何改變而無奈。

幾乎所有高階主管都深受時間悖論（time paradox）所苦：一方面，時間太少卻要做太多事；但另一方面，又被迫浪費很多時間。

要跳脫這種矛盾，其中一個方法是用艾森豪時間矩陣（Eisenhower time matrix），沒錯，就是那個打了勝仗、後來當總統的艾森豪！他發現我們太常關注**迫切**的事，而非**重要**的事。艾森豪這麼說：「重要的事通常不迫切，迫切的事通常不重要。」

多數高階主管花**超過百分之二十五**的時間在覺得迫切的活動上，但他們心知肚明，這些都不是讓公司成長茁壯的重要活動，像是開太多沒用的會，製作、修改與報告投影簡報檔，回覆所有不大重要的要求，以及沒完沒了地回電子郵件等等。

難怪有這麼多「迫切但不重要」的事跟「重要但不迫切的事」混在一起，只有在**強化賺錢和這些事情的關聯**後，你才能清楚區別重要和不重要的事。第七部分的章節將幫你挪出需要的時間，把重點放在重要任務上——採集讓盈餘成長的好點子。

第六十四到六十九章只談開會。別講打包空氣了，開會根本變成像打包水泥一樣，是大型可見、拖垮我們腳步的水泥。我們最常聽到忙碌的主管抱怨「會開了很久，但沒做什麼決策」，佔據他們的時間。員工常常把開會當成輕鬆的社交場合，而非投資他們非常寶貴的時間和力氣。

第七十到七十七章會談到其他可以空出時間的方式。

CHAPTER 64

每個人都有權利提出自己的意見，但不能提出自己的事實

本章名稱來自美國參議員丹尼爾・派屈克・莫伊尼漢（Daniel Patrick Moynihan）的名言。

前總統哈瑞・杜魯門（Harry Truman）聽到互相衝突的建議之後，曾經氣得這麼說：「找個只有一派說法的好經濟學家給我，我已經受夠聽到**一方面**怎麼樣，但是**另一方面**又怎麼樣了。」杜魯門需要事實一致才能做決定，多數主管也有同感——覺得浪費太多寶貴時間在無止境的「連續會議」上。

開會時要確保所有相互衝突的觀點——以單一事實為基礎——都要提出。

互相競爭的部門開「連續會議」是造成不必要會議的常見原因。想像一下你是執行長，面對以下情況：業務團隊跑來抱怨營運的事情，業務主管提供「他們的事實」，但問了幾個問題後，顯然事實不完整。主管接到指示要找出答案，這意謂著他們要開更多的會，也代表你的行事曆上要多加一場會，可能是幾個禮

拜後要開。

在下一次的會還沒開之前，問題已經越來越嚴重。十天後，營運團隊跑來抱怨業務團隊——同樣的問題，不同的觀點；提出「他們的事實」，但又和業務團隊的說詞不盡相同。一樣問了幾個問題後，你覺得「他們的事實」不完整，缺乏事實的全貌，沒人能提供好的諮詢，更別說做出好決策了。所以你叫他們回去，同意幾個禮拜後再開一次會。真是教人唉聲嘆氣。

解決方法相對簡單：要求所有相關部門合作，建立單一事實，然後簡短開一次會。所有相關部門都要出席，好決定哪些事實支持哪個立場。有了單一事實，敵對的部門就能達成和平協議，也不會再有連續會議了！

CHAPTER 65

我們不能再這樣開會了：把議程換成會議計畫

議程通常只是一張討論事項清單，最後變成紙上談兵。以下的會議主題可能聽來很熟悉：

- 行銷部告訴我們專案盈餘成長的最新狀況。
- 財務部想要討論減少工廠數量有哪些選項。
- 新產品上市我們需要站在同一陣線。
- 零售部主管要報告他們的三年期計畫。

會議計畫能確認**開會前**所需的重要準備、**開會時**確切要做哪些事，以及**開會後**的後續追蹤，所以把議程換成會議計畫，才能讓會開得有意義。實用的會議計畫需要：

- 待討論的確切主題。
- 開完會應達成的確切結果（如：做決定、獲得重要資訊、解決問題）。
- 開會前應準備好、讀完的資料。
- 需要解決的特定議題以及解決問題所需的單一事實。
- 議程上每個項目要花費的確切時間
- 預期會議中要確認的下一步

議程就像節目單，告訴你接下來每一幕的出場順序和名稱。會議計畫則是組織預演、安排舞臺動線、編舞，並確保每天晚上所有事情都在正軌上。打另一個比方，把會議想成是將資訊「原料」變成行動「成品」的工廠。會議計畫應確認**會前**需要的原料，以及**會後**為了達成目標所預期的成品。

好的會議就像是好的派對——事前計劃及準備很重要。我想，三個比喻應該講得很清楚了，總之會議計畫可以改變你的人生！

CHAPTER 66

禁止會議觀光客

還記得第一次跟你真心喜歡的人正式約會的樣子嗎？那就是我說的重要會議。你當時有沒有因為太忙，所以派別人代替你去約會嗎？你的約會對象是派代表出席嗎？你是否因為希望幾位朋友也能參與，所以邀請他們一起來約會嗎？如果你們和另一對情侶一起約會，可以由你的朋友主導與你約會對象的談話嗎？

商務會議不是約會，但是你應該將它等而視之。誰應該出席，為什麼？出席會議前要確認：

- 對的人出席——是關鍵專業人士，或扮演重要角色的人。
- 不能由代表出席，除非有權代行決策。
- 禁止會議「觀光客」進入。
- 次要的出席者認知到自己的角色，不逾矩。

- 只參與一部分討論事項的人，應讓他們盡快離開。

讓真正對的人來開會，不要多也不要少，並確定他們知道自己的角色。如果對的人無法出席，不要掉入「開兩次會」的陷阱裡。直接取消會議，直到每個扮演重要角色的人物都能出席時再開。

CHAPTER 67

別開一小時的會，來做二十二分鐘就能完成的事

在工作完成的時限內，工作量會一直增加，直到填滿所有可用時間為止。

——帕金森定理（Parkinson's Law）

為什麼每次開會都開半小時或一小時？開始根據你確切需要的時間來排定會議——可能只需要十分鐘或四十分鐘。

這可能聽起來太簡單，但是讓會議簡短的最好方式，就是排定**短的**會議！會議變得很冗長，就是因為排定的時間太長。簡短的會議就像是籃球的倒數計時器，可以讓大家專注在重要的事情上。

CHAPTER 68

注意時間！

運動賽事使用倒數計時器其來有自，你能想像沒有時鐘和計時器的籃球賽，能夠每節準時結束嗎？當美式足球兩隊的比分只差一球罰踢時，你能想像少了兩分鐘提醒（two minute warning）會有多緊迫嗎？

我們開會時，筆電上會顯示倒數計時器，並指派一個人負責計時。一開始會覺得奇怪，但是倒數計時器果真發揮效用，現在我們的客戶都想採用這個做法！

CHAPTER 69

開會不只要準時結束，還要準時開始

如果你遲到會讓我很驚訝，你就不需要找藉口了。如果我不覺得驚訝，你有藉口也沒用！

為什麼許多會議準時結束，卻不準時開始？

這個禮拜你參加過多少場會議，是大家坐在那裡等一些人姍姍來遲，導致會議延後開始？**準時開始**這一類的議事規則，一定要變成企業文化的一部分才有效。要做到這點，最有效的方法就是請最資深的人準時出現，按表定時間開會。姍姍來遲者道歉、告知理由時，不要從頭開始會議；重新講一遍不只很不尊重準時出席的人，也很沒效率！

當然，很多人遲到是因為會議常常一個接一個，時間不夠他們從一場會議趕到下一場會議。所以不要只是排定會議，還要預留充足的時間，你和其他人才有時間去開下一場會！

CHAPTER 70

提出異議的義務

以科學的方法尋求真相，重點在於意見可以不同，但別鬧得不愉快。衝突是進步的關鍵，可惜大多數的人和組織，天生就想避免衝突，但這可能是最浪費時間、最損害價值的人類行為了。

我們直到現在才討論這個議題，把重點放在這麼後面——整本書都要讀完了才出現——好像很奇怪，畢竟這本書很多時候都在說明如何製造重要、必要的衝突，以提升生產力及利潤。

我們發現在討論浪費時間、無止盡的決策討論時帶入這個議題，大部分的人最能接受，同意應該用「提出異議的義務」來解決這個問題。

有一次高階主管開會時，執行長依序問大家是否同意與專業服務公司協商時應循採購標準進行，儘管傳統上並非這麼做。大家都表示同意，一些人甚至洋洋灑灑地大談如此將帶來多大價值。

兩天後，首席法律顧問在走廊上巧遇執行長（真的是巧合嗎？），力勸執行長新的採購策略應排除法律公司。執行長同意了，並說他會請採購長不要宣揚排除法律公司的事，以免在其他部門引發很大的爭議。

三個禮拜後，排除法律公司的消息傳開了。現在行銷長想見執行長，很快地資訊長也想跟執行長見上一面，當然財務長也不能容許稽核師由採購來挑選！會議越來越多、爭議越來越大，決議則越來越少。

衝突是最難管理的人類互動。我們花太多時間爭論小事，排擠到需要詳細討論的問題。人人都希望別人認為自己好相處，但他們需要聽到不同的意見及爭論——**好聲好氣**提出的異議。

每次會議結束前要提醒大家（也提醒自己），如果不同意某個做法，或甚至只是不確定這麼做是好是壞，都有義務提出異議：「現在是提出問題的時間，不要等到之後一對一的會議才提。如果對我們剛才討論的事項有任何疑慮，請現在提出來。」

別因為高階主管蓄勢待發的熱忱而做出壞決定

在決定是否於大型新專案投資時間和金錢時，多數高階主管因為看過太多大專案徹底失敗的案例，一開始都會非常謹慎，要求看到事實及數據，以做出理性、聰明的決定，這種小心謹慎的作法很恰當。

不過，那是第一階段。高階主管是人，不是數據評估機械人，當他們從謹慎變成熱切時，往往就很難回到原本小心的態度了。他們過去因為相信自己的判斷成功了不少次，所以仔細看過數據和提案，開始感到興奮時，他們相信這種振奮人心的感覺是真的。研究顯示大部分成功的高階主管都很樂觀，而充滿希望雖然不是一種策略，希望卻能源源不絕的湧現。

這時，第二階段就開始了：高階主管開始展現對新專案的熱情，即使還沒做出最終決定，團隊很快就發現主管真的想做這個專案。

從這時候開始，支持專案的動能快速集結。有些主管或許仍心存懷疑，但他們想要展現出合群的態度，所以把疑慮擱在一旁（或至少沒有公然宣揚己見）。這些主管開始接受專案提出的承諾，自己在腦海裡把風險最小化。

一旦群體的動能開始發酵，管理團隊的成員就會失去一部分他們先前的紀律。高階主管從懷疑變成感興趣，從感興趣變成興奮，一直到蓄勢待發。管理團隊會強調專案的好處，並把壞處減到最少——可能沒發現自己是為了支持老闆的偏好才這麼做。

該如何避免這個狀況？如果是沒那麼重要的問題，你的團隊應該要提出為何不應該這麼做的原因。如果是涉及高額支出和／或高風險的決策，就要專門組織一個負責提出反方意見的小團隊，他們的工作是擔任「反方辯論的隊長」，積極提出廢除專案的原因。

CHAPTER 71

多用嘴巴溝通，少用電子郵件

用電子郵件來傳遞消息（和分享 Youtube 上的貓影片）很有效率，但它很不適合用來解決某些問題。一連串電郵往返通常造成更多混淆，無法釐清事情。相較之下，簡單的談話就能直搗問題核心，所花費的時間少多了。

有一次我們寄了一封電子郵件給團隊的新成員，信中給了一些有點複雜的指示。為了讓他安心，我們在信中寫道：「你絕對不可能搞砸」（You can't get this wrong），意思是「聽起來很困難，但你不可能會搞砸，別擔心。」

但我們的新成員，把「你絕對不可能搞砸」解讀成「你最好別搞砸！」

所以我們的同事開始做更多事——遠遠超出我們期待他做的份量——全是為了希望這樁任務的每一個小環節都不會出錯。

幸好我們在走廊上遇到這位仁兄，看見他愁眉不展的表情。當面簡單講幾句話，就澄清了我們的意思。「你絕對不可能搞砸」現在變成我們公司內的暗號，意思是：「用講的，別寫電子郵件」。

CHAPTER 72

投影片簡報會毀了一切

投影片簡報已經佔據太多年輕人的黃金歲月了。

——大衛．西佛曼（David Silverman）

投影片簡報耗費時間、精力，磨損士氣和洞見！用簡單、標準的形式來取代投影片，著重決策所需的關鍵資訊。

《紐約時報》刊登了一份從軍方正式簡報擷取出來的投影片，如下一頁所示。史丹利．麥克克里斯托（Stanley McChrystal）上將面不改色地調侃說道：「等我們讀懂那份投影片，早就打贏戰爭了。」全場聽了哄堂大笑。

我想，這樣就說得夠清楚了。

阿富汗的穩定／反暴亂動態措施

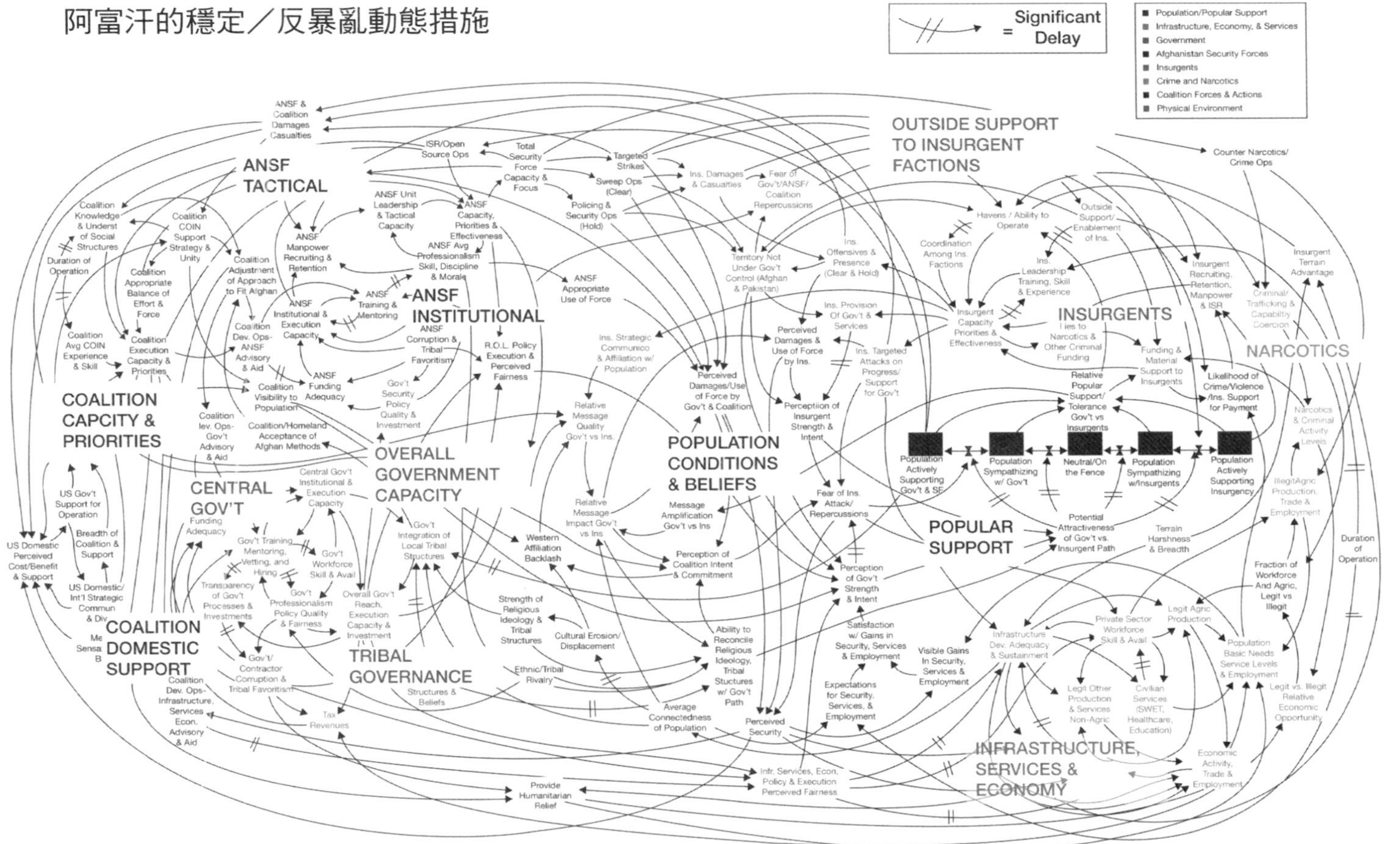

CHAPTER 73

給自己一些私人時間

每隔幾天，就給自己排定三十到四十五分鐘的靜思時間——不接電話，不開臨時起意的會議，不收電子郵件。

從待辦事項清單上，挑出一個需要仔細思考的重要任務，利用這段不受打擾的時間，專注在這項任務上。比起在不斷受到干擾時做同一件事，這麼做既省時又能將事情做得更好。每一次受到干擾，我們的大腦都需要重新啟動——「好，剛剛做到那兒了？」——導致浪費寶貴的時間。

請讀下面的句子，括號中的內容都是干擾。

「從（別忘了打給行銷部）待辦事項清單上（剛回了法務部的電子郵件）挑出一個（要去樓上開新產品發表會）需要仔細思考（剛剛接到令人苦惱的最新消息，新的宣傳活動沒什麼用，所以下一季的銷售量會大幅下滑）的重要任務。」

很快問一下，我們的建議是什麼？

提示：只要讀下面的粗體字就好，忽略其他的文字！

「**從**（別忘了打給行銷部）**待辦事項清單上**（剛回了法務部的 e-mail）**挑出一個**（要去樓上開個新產品發表的會）**需要仔細思考**（剛剛接到令人苦惱的最新消息，新推出的宣傳活動成效不佳，所以下一季的銷售量會大幅下滑）**的重要任務**。」

我們知道有部門訂定「星期一不開會」的規定！

CHAPTER 74

覺得忙，就接下更多重要的工作

我們把這招稱為**強迫取分**。重要的工作會排擠迫切但不重要的工作，想想大部分的人在要去度假的前幾天是什麼樣子：專注力有如雷射般集中，在放假前把所有重要的事情做完，其他事則逕自忽略或轉交他人處理。度假製造了迫切的截止日，讓他們完成重要工作。

當你接下迫切需要完成的重要任務，你自然會把浪費時間的事情擠到一邊去。難怪有句老格言這麼說：「想完成一件事，就把它交給最忙碌的人。」

聽起來不切實際？我們認識一位《財星》五百大企業的高階主管，她的工作需要投注大量心力；她自願帶領重要的企業計畫、參與了幾個董事會，並且是全國大型公益組織的積極董事。除此之外，她也主持當地醫院的大型募款計畫，該計畫有非常公開的目標和期限。我們問她怎麼可能接下這個新任務，她說：「我不會浪費時間在不重要的事情上！」

CHAPTER 75

提高時間報酬率

時間是我們最寶貴卻又最容易消逝的資產，但是很少有人像分析投資公司資金（或自己的資金！）那樣評估自己的時間報酬率。

在接下來的三十天中，開始採用簡化的時間表（律師用這個來記錄自己的計費工作時數……還有計費工作分鐘數）。試著記錄所有的會議、電話和信件收發：

- 你花了多少時間？
- 這些事情有生產力嗎？
- 這些事情對你要做的首要之務有幫助嗎？

你不需要特殊系統或昂貴的軟體，可以只寫在紙上，或用電腦開個簡單的試算表。

短短三十天內，你就能知道有多少比例的時間，花在缺乏生產力或不重要的事情上。

看到數據後，你可能想做兩種改變：首先，你可能會改變參加的會議和／或打的電話。其次，你可能會改變開會的方式，以充分利用時間。

CHAPTER 76

想發光發熱，就要讓其他人做你的工作！

不會傳球就不算是懂得打球。

——迪恩．史密斯（Dean Smith）教練跟麥可．喬丹（Michael Jordan）說

對多數主管來說，要他們交辦工作出乎意料地困難，從典型的反對意見就看得出來：「我自己做比較快」、「其他人還沒準備好接下更大的任務」、「這件事太重要，不能交給別人做」等等。

你應該想辦法定期把一些工作下放給團隊去做。交付團隊成員更多原屬於你的工作，是讓你騰出時間最聰明的方法。你給團隊成員一個接下更大挑戰的機會，開發他們的潛能，同時也讓你有空接下只有你能做的工作。

學會交辦工作的主管成就更高，也更有效率。

教你一個簡單的步驟：定期問績效最好的成員想替你分擔哪些事，然後請他們交報告時如法泡製！

CHAPTER 77

媽媽應該告訴我們：「不要每次都做到一百分！」

大部分的成功人士，都有很好的工作習慣。他們給自己設下高標準，有努力工作的意志力和紀律，養成把事情做到一百分的習慣。

但是把事情做到一百分，可能表示你浪費了很多時間，把事情做得比你應該做到的程度更好！我們稱之為「**鍍金**」（請見第五章「標上標籤，才好打包：幫問題取名字，讓大家看見它」）。有些決策不需要你耗盡腦汁地分析，有些簡報不需要你做到美侖美奐，有些活動不需要你盡心竭誠地關照。

想想過去幾週你花很多時間做的每件事情，問問自己：「有人重視我多做的事情嗎？」我們也看到前例，像是達到百分之九十九的準確率，其實百分之九十五就夠了（因此不用花那麼多時間），以及過度雕琢簡報投影片（結果時間不夠報告全部內容）。

當你把不需要做到那麼完美的事情做到一百分，同一時刻還有其他重要的任務需要你！

附錄

你找得出時間──現在好好運用吧！

讓採集好點子以提升利潤，變成一件迫切且重要的事。

我們在第七部分的引言提到，公司必須覺得自己有時間，才會開始思考點子收益乘數的各個階段。領導人已經空出時間，讓採集好點子以提升利潤，變成一件迫切且重要的事，因此擠掉不重要（不管迫不迫切）的事，並讓盈餘大幅成長。

你也做得到！

現在該接著談談你可以馬上採取哪些行動，以改善點子收益乘數的每個階段。

複習一下，這些階段是：

提供解決問題的技巧	80%
員工上進心	90%
各單位合作無間	75%
快速下決策	85%
實踐計畫的能力	90%
建立究責制度以創造亮眼實際效益	85%
平均分數	85%=B

透過將各階段的有效程度提升到百分之九十九，整體產出會提升到百分之九十五，幾乎是一般狀況的三倍！

這對公司的損益有什麼意義？一家五千人的典型公司，可以透過聰明、可持續發展的點子，每年增加七千五百萬美元的利潤；兩萬五千人的公司，可以增加四億美元以上！我們之所以知道，是因為過去合作的企業能提出相關紀錄以資證明。

PART

8

戰勝那些懷疑、憤世嫉俗、沉不住氣的人！

電影《當哈利遇上莎莉》的最後，哈利向莎莉求婚時說：「我今天晚上就來問妳，是因為當你發現你想和一個人共度餘生時，你希望餘生**越早開始越好**。」

如果一件事非常重要，馬上開始就很重要，幾乎所有的狀況都是這樣。因此當你聽到：「我們現在太忙了，沒辦法馬上辦」，其實他的意思是「這對我來說不重要」，可能也就是「我不瞭解這件事的價值」。

如果你最大的客戶要跟你下一張大訂單，但首先他需要一份費時的大型提案，沒有人會說：「很好，但我們現在太忙了，沒時間寫提案。」大家會翻天覆地的全體動員，執行長以下的所有人都會找時間積極做成這筆生意，因為每個人都瞭解拿到這筆生意會增加多少盈餘。

改善企業流程，就跟拿到新客戶一樣重要。如果團隊裡有人不瞭解這點，就不要讓他們擋在前面，開始做就對了。他們看到成果後，很快會瞭解馬上開始為什麼很重要。

現在正是增加盈餘的好時機，每延宕一個月，都會讓你損失慘重！

如果你想讓團隊採集所有低垂的果實，你可以開啟一個像「點子採集」（Idea Harvest）這樣正式的流程。當你告訴團隊要按照我們所有的作法做，他們會站起來歡呼、求你盡快開始嗎？嗯，很多人會，因為他們知道照著這些方法做，是讓公司成長最好的方式；但有些人不會，他們會有很多不同的藉口。諷刺的是，一些把擁抱改變講得很好聽的高階主管，其實自己不大情願改變，這個部分讓你準備好反駁一些人提出來反對採行正式流程的藉口。

開始推動**之前**，你不需要說服團隊所有人認同你的看法，還記得讓好領導者無法更上一層樓的那句話嗎？「我要每個人都同意。」要讓反對者認同你的看法，開始做就對了。反對者會因為自己的體驗，慢慢轉而認同你的看法。

接下來你會看到一些很常聽到的藉口，你應該準備好這麼回答：「我瞭解你的看法，但我們可以加以變通。」

「我們現在太忙了」

沒錯，大家真的都很忙，但是每個人都**太忙**嗎？這可未必。我們稍早問過，如果你最大的客戶說想跟你下一筆大訂單，但需要一個曠日廢時的大型提案，你會怎麼做？如果有些團隊成員說，他們實在太忙了，就是沒辦法幫忙拿到新的生意，你會如何反應？我們猜想你的反應應該不宜印出來給大家看才對！

沒有人會真的那麼說。當他們說自己太忙，無暇改善盈餘時，真正的意思是他們的團隊會因此分心，卻**沒有獲得足夠價值**，所以不值得分心。

你該怎麼回答？問問你的主管到底打包了多少空氣！讓他們去複習一下艾森豪矩陣，問他們是否可以刪去低價值、讓人沮喪的活動。

然後詢問他們現在正在執行的**每個計畫**，分別可以帶來哪些直接金錢效益、何時能做到？用「我們現在手上有太多事情要忙了」這句話來拒絕別人很容易，但很多正在執行的計畫，其實往往不像採集點子那樣可以帶來可觀的報償。

增加利潤最簡單的方式，是把殭屍專案（績效低於平均者）換成績效高於平均的專案。

最後，注意常常跟「我們太忙……」這句話一起出現的「現在」兩字，如果你的高階主管真的這麼認為，他們會說：「我們現在太忙了，要不要三個月之後開始做？」他們並非真心誠意，只是發現如果拖得夠久，你就會放棄這個想法，本日特色專案就會消失了！

你應該戳破他們的牛皮：「你說的沒錯，有許多計畫正在收尾，所以不要現在開始好了——我們七週後動手。」

「我們已經徵求過點子了」

常常有人會這麼說：「我們有仔細尋找新點子的預算流程；有績效檢討和激勵制度來獎勵有創意、有新點子的主管；有建立專案小組、定期開會、策略上的優先主軸等等。如果有人能提出好的點子，我們一定早就知道了。」

要對付這麼說的人，最簡單的方法是告訴他：「好吧，我們來測試一下你的理論：我們會秉持誠信原則、懷抱熱忱，看看接下來的四十天內，使用我們專門設計來提升點子產量的流程，可以開發出多少點子！」

「不是應該等到某些活動完成後再做嗎？」

◇思愛普（SAP）／甲骨文（Oracle）／一般品牌的企業資源規劃系統

不！如果你藍圖都還沒完成，那麼暫緩推動企業資源規劃系統，開始採集點子以簡化流程，這會讓你規劃藍圖時有更好的流程。如果藍圖已經完成，那麼繼續建置企業資源規劃系統，但是要讓每個團隊納入特定的點子——得反映他們如何利用新的企業資源規劃功能帶來直接金錢效益，**沒有企業資源規劃就做不到**。看到價值比最初承諾的效益低上許多時，你會感到灰心，但你至少有一張實質效益的列表，能抵掉企業資源規劃系統花的上百萬美元。

◇賣掉公司的一部分

不！在賣掉那一部分之前，先用嚴謹的點子採集流程檢視，其實可以提升它的業務的價值及售價。為什麼要讓買方來收成全部的低垂果實呢？

◇買一家新公司

可能不要吧！如果你預期接下來三十天內能談成這筆生意，那你確實應該先處理。但如果你不預期生意會這麼快談成，那麼別等了。某個大企業十年內買下五十家公司，但都沒有真正整合這些公司。該企業預期在接下來的兩到三年內有幾筆大生意，執行長決定開啟一個正式流程，收割旗下五十家公司整合後的好處。這麼做每年帶來近五億美元的年度盈餘，該企業再用其所學來整合新收購的公司，而且做得比以前更快、更好。

◇重新組織

可能不要吧！成功重組的關鍵，在於清楚定義高階主管及其扮演的角色，剩下的就是靠一個嚴謹的流程來採集點子。一家我們之前合作的公司，決定從以地理位置劃分轉成以功能劃分；每個新職能的領導人都選定了，但其他幾乎都沒做。他們成功運用點子生成的流程達到最佳組織重整，新領導人有機會認識他們的新業務和新團隊。

「我們的工作不就是管理嗎？」

推動採集點子最快、最有效的方法，通常是去找一個外部專家。他可以給你一套經過證實的流程，以及建置這套流程必要的協助。

用這些外部人士，讓抗拒改變的高階主管有機會說：「我們不需要外面的人，**我們的工作**不就是管理嗎？」當然，如果多數主管已經能夠掌握如何成功採集點子，應該要看到成果——不是偶爾看到，而是持續看到。

我們在第二十八章提過，你應該讓經理跳脫這種窘境。告訴他們，你不期望他們事事專精，而是希望他們能採納並運用公司成長所必需的專業。畢竟沒人會說，你的人資部門不該利用外部的行政公司，或你的資訊部門不應該用外部的軟體公司。

「員工想不出點子：我們需要外部專家」

如果你不懂「我們的工作不就是管理嗎？」這個藉口，你可能會懂另一端的說法。這種藉口通常是這樣：

「我們總是拜託大家提點子，但很少得到有用的點子。我們有編預算的流程、招聘流程、解釋我們有多迫切需要改善的例行溝通、獎勵績效的獎金計畫、點子建議軟體，甚至請培訓師來講解『精實六標準差法』。你難道不覺得，如果我們自己人有任何好的點子，我們應該早就聽過了嗎？他們就是只知道我們一直以來在做的事。我們需要外部專家來教我們其他公司在做什麼，好讓我們有新的思維，這是我們找到新點子的唯一方法。」

某人說這個藉口時，代表他假設問題出在**人**，而不是**流程**。這很常見，但往往不對。大家很自然會把行為差歸咎於某人，而非影響他表現的環境。

我們在本書中清楚闡明，若要員工有效參與，你必須採取很多重要步驟。如果你還沒那麼做，難怪你的員工還沒把全部的好點子告訴你。

聽到這個藉口時，簡單的回答是：「只有在我們試過這一個真的能讓自己人參與的流程**之後**，我才會同意聘請外部專家。」

覺得我們的話好像自相矛盾嗎？面對上一個藉口時，我們說你應該請外部專家來協助「點子採集」的運作，因為你身邊可能沒人知道該如何有效執行這個流程。現在我們說，你不該聘請顧問來解釋如何提升生產力。

會有這樣的差異，是因為你自己的員工已經有很多尚未充分開發的專業。員工才是最貼近工作跟顧客的人，你無法聘請到比員工知道得更多的外部專家。

「我們才剛推動一個新流程，現在更換會讓大家搞不清楚狀況」

我們都感受得到那樣的痛苦。某些流程最近才開始大張旗鼓地推行——開員工會議、發電子郵件、高層的親筆函，甚至可能在年度報告時聲明。高階主管解釋他們為何親力親為地投入這個嶄新、經過小心設計的流程，員工的熱忱開始水漲船高。

現在聽起來，那些宣言像是「哎呀，當初不是認真的」。沒錯，如果這個新流程顯然真的比之前推動的更好，可能會有這種感覺。

事實上，員工偏好改用更好的流程。想像一下，如果新採行的生產流程導致員工壓力、體能負荷與週末工時都惡化，不久之後，製程工程師設計出更好的流程，員工會搞不清楚狀況或不開心嗎？

有任何值得改變的方向時，領導者抵制改變只會讓自己看起來很愚蠢。

「我們剛做過類似的事，我覺得我們還沒準備好這麼快就再來一次」

首先，問你的經理「**剛做過**」是什麼意思。就像我們之前說的，我們聽過最久的「剛做過」，是**十五年前！**

第二，你可以想像有人用「我們剛做過一個銷售活動，我覺得業務團隊還沒準備好這麼快再重複一次」這種說法，來反對一項新的銷售宣傳活動嗎？如果你每年沒有至少推出一組密集的活動來增加盈餘，現在該是開始的時候了。

這個藉口假設公司相對靜態，「剛做過」的改變掌握了最大的機會。事實上，自從你上次做了類似的事情後，公司可能已經改變很多，舉例來說，回答下列問題：

- 現在替你做事的員工，有多少那時還沒加入團隊？
- 那時候替你做事的員工，有多少現在已經離開了？
- 關鍵領導團隊中，有多少新面孔？

- 你用的廠商有多不一樣？
- 你的產品改變了多少？有多少是新的，又有多少停產？
- 你的顧客有多不同，尤其是帶來最多利潤的顧客？
- 是否有新的競爭者？是否有任一主要競爭者退場？
- 顧客期待的關鍵點，是否有任何改變？
- 科技是否更加進步？
- 監管環境是否有任何重要改變？

變是唯一的不變，充滿新的機會。另外，還有一點一定要說，不管一個流程有多好，都不可能將好點子一網打盡。即使你上週徵求過新點子，今天還是會有新點子出現，等待你去採集。

PART

9

致高階主管（以及想升到這些位子的人）

休士頓，我們有機會了。

——傑洛米．伊登（Jeremy Eden）

如果你是資深高階主管，在一家僱用上千名員工的公司任職，這下大問題來了。沒錯，我們是可以說「機會」來了，但這樣無法顯示這個**問題**有多迫切且重要。

問題是這樣的：不同部門、不同地點的上千名員工，有著不同的技能和考量，要讓這些人**團結一致**非常困難。

這個問題每一季都花上你數百萬美元，要讓員工找到並留住有「錢」景的客戶也變得更困難。

員工真的是你尚未開發的最大資源，他們有想讓你看見的技能、洞見、熱情和點子，你忽視他們能貢獻的資源時，他們會感到沮喪。

這本書將幫助你協助他們。只要員工讀了這本書的一部分，甚至只照著書中我們說的一些作法做，就能提高生產力和利潤。

可是你能運用高層主管的資源，能夠利用這本書來打造企業文化，讓提升利潤的創新源源不絕。假設我們不討厭頭字語的話，我們就會稱它為CMI（continuous moneymaking innovation，意指「不斷製造利潤的創新」）文化！

導入點子採集

這本書討論的所有作法，都是「**點子採集**」的一環。它是一種聚焦、容易採用的流程，把它想成是可以大幅改善預算編定流程的方法！制定出一套統一、經過證實的流程，背後有專門設計的專屬軟體支援，你就可以將「員工參與」的空談轉變為直接的金錢效益，**勝過你當下在做的其他努力！**

建立特助職位

你這禮拜開過幾場會？會議中有多少次有人同意要採取一些行動？誰要做什麼、什麼時候做——這些職責分配都清楚嗎？誰負責追蹤？

問題在於，通常沒人釐清到底誰做出哪些承諾，也沒有人在追蹤確保真的有履行承諾。會議中的每個人當然都立意良好，但這和讓大家負起當責還有一大段距離。

解決方法很簡單：僱用一位特助，讓他負責製作清單、再次檢查。這個特助職位通常是一個備受注目的機會，適合以輪調的方式處理——挑一位很有潛力的年輕高階主管擔任一年特助加以培養。

這位特助的工作，就是參與大部分你要開的會、承接特殊專案，並成為清單的保管人！這不是秘書的角色，而是高層專案管理的職位，需要極佳的組織及管理能力。要讓開會的人釐清預期採取哪些確切行動、誰來負責執行以及什麼時候完成，其實比想像中的難。工作分配得更清楚，對每個人都有好處！

一旦高階主管建立特助的職位，就絕對不會走回頭路。更好的是，一旦大家知道你在追蹤每個承諾，從頭到尾都會做得更好。

打造資源團隊，搭起橋樑

如果你能號召一群厲害的人，組成集中式的問題解決小組，那麼你就能大幅改善資訊分享，這群人可以扮演「公司的大腦」之角色，確保左手**真的知道**右手在做什麼。一個大專案下的各專案經理帶領的小團隊各自作業時，溝通可以從公司內同一個辦公空間的交談開始。

這些團隊成員在點子發想的各階段都扮演關鍵角色：他們可以是激勵團隊的啦啦隊、幫忙分析和解決問題的教練、讓團隊準備好決策的協作者。他們擔任「協助左手知道右手在做什麼」的角色，這對解決問題來說很重要，就像普拉特強調的：「要是惠普能早點學到現在才知道的事，生產力就是現在的三倍了。」

如果你管理的是小部門，可能只有一個人可以擔任這個角色。如果你是大公司的執行長，或許可以有一、二十人。這個團隊做的是全職工作，專職負責搭建各部門之間的橋樑，讓各部門共享好的資訊，並修正錯誤的資訊。

這邊給大家一個例子，讓大家看看光是坐在一起，就能增加數百萬的銷售量。某家大型食品公司有一個消費者品牌部門及一個餐廳產品部門：消費者部門大量生產公司品牌的甜點，在超市販售；餐廳部門設計、生產客製化甜點，在餐廳販售，成為菜單上的一道菜。

以往兩個部門分得清清楚楚，位在不同的大樓，這一點也不讓人驚訝。他們有各自的職涯發展，從基層到企業管理，都不共享人力資源，面對的商業環境及問題截然不同；雙方的領導團隊關係不佳，彼此競爭企業資源及執行長的好感。

執行長建立一支集中式的厲害團隊，由多位熟練的專案經理組成，其中包含兩位部門最好的品牌經理。他們被安排坐在相鄰的辦公室隔間，彼此原先不認識，也從沒共事過。前幾週，他們把重點放在開發各自品牌的點子，很快他們變得熟絡，開始尊重對方的專業和洞見。一個月之內，他們開始一起解決問題。

到了第二個月，他們有了「恍然大悟」的新點子：為什麼不利用餐廳品牌，去看看哪些餐廳品牌的產品可以賣給超市消費者呢？他們很快就發現，一些餐廳的客戶相當樂見將產品授權到沃爾瑪（Walmart）大賣場販售。

這是最佳實例，證明了集中式團隊如何開發出簡單、低風險又能讓營收成長的作法。

用資源團隊輪調高潛力員工

能建立資源團隊的高階主管，往往讓團隊由擅長不斷進步的人組成。這些人的履歷上，充斥著認證、專案經理、精實六標準差法、改變管理、企業流程改善等字眼。

這很自然，但不是最佳狀況，你反而應該讓團隊成員保持流動，由不同部門的高潛力主管輪流擔任。業務、營運經理、資訊分析師、行銷經理、物流副總、律師……錯了，這些人不是要一起上酒吧！但他們會承接六到十二個月的任務。為什麼這樣比較好？

第一，這個部分在講搭起橋樑。從不同領域找來一群人一起做事，最能把事情做得更快或更好。他們可以圍在某個人的辦公桌旁，幾分鐘內就能串連起來——原先可能根本創造不出這樣的連結。

第二，高潛力員工是那些在各自領域贏得眾多信任，也受到高階主管團隊信任的人。他們也可能已經是問題解決專家——就算不是，他們也學得來。相較之下，就算是精實六標準差法的頂尖高手，也很難迅速贏得別人的信任，通常要花好幾年的時間才做得到。

第三，你讓高潛力的人才，有在公司各部門工作的特別機會。輪調結束後，他們更有潛力擔任領導要職。

附錄　給所有人的幾項建議

打敗決策疲勞

每天你所做的決定數量多得驚人，也許不是每個你都覺得很關鍵，但對你的大腦來說，這些決定非常重要！每做一個新的決定，你的大腦就用掉有限而珍貴的葡萄糖。大腦跟肌肉一樣，使用後會疲勞，一旦葡萄糖的供給越來越少後，你的大腦就會覺得更難做出決定，更不要說是好的決定了！

舉例來說，兩位以色列研究員最近分析假釋諮詢委員會法官做的一千一百多個決定，法官們的工作只是試著援引法條而已。令人震驚的是，一大早在法官神清氣爽時出庭的囚犯，有七成獲得假釋，而在法官已經做了很多決定、較晚開庭的囚犯，只有一成的機率可以獲得假釋！

社會心理學家把這種常見的行為稱作**決策疲勞**，實驗室及真實世界裡都看到這種狀況。大腦只佔人體組成的百分之二，卻用掉**超過百分之二十**的能量。原來，做決定是一件格外消耗能源的事。

這裡有個簡單的解方——我們吃東西就是在補充能量，所以你可以試著將重要決策，排在差不多吃飯的時候做。但就像巴菲特建議的，更好的作法是找到能替代困難決策的簡單決策，這樣通常根本算不上在做決策。做簡單的決策，就是別人請你核准那些符合第四十八章裡說的**好點子**。

如果很多點子都能增加利潤、風險極低或沒有風險，而且在各相關領域都獲得支持，那麼不管你的大腦血糖多低，要核准這麼多的點子還是很容易！

注重商場禮儀

在商場上打滾時，往往不夠尊重員工、廠商和顧客；這已經太過常見，幾乎變成常態。大家似乎每天都做出承諾，也每天都在毀約。這非常讓人氣餒，但確實是個機會——以尊重和禮貌待人的人，現在會脫穎而出！快把握良機！

服務標準

一位我們非常喜歡的客戶邀請我們到迪士尼，除了學會如何成為厲害的尋寶家以外，我們離開時也變成服務標準的追隨者。迪士尼將服務標準運用得非常成功，它的服務標準是安全（Safety）、禮貌（Courtesy）、秀（Show）和效率（Efficiency），四大特色引導迪士尼的團員（「員工」的可愛說法）處理迪士尼樂園中的問題。這個順序很重要，畢竟就算秀很好看，但因為不安全讓賓客受了傷，肯定會重創遊園人次！

我們也擬定並採用了自己的服務標準：

一、強化客戶。

二、尊重客戶的員工。

三、讓流程變簡單。

四、讓流程令人愉快。

每天奉行這些服務標準，正是我們與眾不同之處。

總結

沒有總結。採集低垂的果實以提升生產力及利潤沒有結束的一天，你和你的團隊只能越來越好、越來越強，直到習慣成自然。

你可以試著一次使用一個、一些或很多個技巧。例如下次開會時，找機會問好幾次為什麼和「我們怎麼確定真是如此」。

也許你是一個特殊專案的領導人。下次團隊開會時，你可以擬定真正的會議計畫，確保每個人開會前都做好功課，跟對的人一起開會，並將會議中要達成的目標定得非常明確。看看你能不能讓每個人開完會後，都覺得自己花的時間不多，卻完成很多事。

如果你是部門主管，也許你應該（我們敢這麼說嗎？）買這本書送給你的員工，並在員工會議時討論哪些作法可能對你的部門最有幫助，讓每個人都負起決策的當責。

你可能沒有任何下屬，而是直接跟顧客接洽，並因為公司讓服務顧客變得如此困難而感到沮喪。你可以開始採取一些解決問題的行動，找到隱藏的低垂果實，並想出一些好點子。一旦想出好點子，說服主管和同事來幫你鼓吹好點子。

或者也許你只是工作有點無聊、灰心——你可以去找主管商量，看看能不能輪調工作一、兩週，這樣你可以看到自己的工作如何影響其他領域。

開始採取行動有無數個方式，但就像《星際大戰》中尤達大師（Yoda）說的：「做，或者不做，沒有試試而已這回事。」

今天就開始把沙子從公事包倒出來吧！

國家圖書館出版品預行編目(CIP)資料

做對小事,聰明工作：解決別人沒看見的問題,讓你的工作表現飆三倍 / 傑洛米.伊登(Jeremy Eden), 泰莉.隆(Terri Long)著；簡萱靚, 許琬翔譯. -- 初版. -- 臺北市：商周出版：家庭傳媒城邦分公司發行, 2015.11

面；　公分

譯自：Low-hanging fruit : 77 eye-opening ways to improve productivity and profits

ISBN 978-986-272-914-4(平裝)

1.組織行為 2.企業領導 3.職場成功法

494.2　　104021333

新商業周刊叢書　BW0585

做對小事，聰明工作

解決別人沒看見的問題，讓你的工作表現飆三倍

原文書名／Low-Hanging Fruit: 77 Eye-Opening Ways to Improve Productivity and Profits
作　　者／傑洛米・伊登（Jeremy Eden）、泰莉・隆（Terri Long）
譯　　者／簡萱靚、許琬翔
責任編輯／李皓歆
企劃選書／鄭凱達
版　　權／黃淑敏
行銷業務／張倚禎、石一志

總 編 輯／陳美靜
總 經 理／彭之琬
發 行 人／何飛鵬
法律顧問／台英國際商務法律事務所
出　　版／商周出版　臺北市中山區民生東路二段141號9樓
電話：(02)2500-7008　傳真：(02)2500-7759
E-mail：bwp.service@cite.com.tw
發　　行／英屬蓋曼群島商家庭傳媒股份有限公司　城邦分公司
台北市104民生東路二段141號2樓
電話：(02)2500-0888　傳真：(02)2500-1938
讀者服務專線：0800-020-299　24小時傳真服務：(02)2517-0999
讀者服務信箱：service@readingclub.com.tw
劃撥帳號：19833503
戶名：英屬蓋曼群島商家庭傳媒股份有限公司城邦分公司
香 港 發／城邦(香港)出版集團有限公司
行　　所　香港灣仔駱克道193號東超商業中心1樓
電話：(825)2508-6231　傳真：(852)2578-9337
E-mail：hkcite@biznetvigator.com
馬 新 發／城邦(馬新)出版集團
行　　所　Cite (M) Sdn Bhd
41, Jalan Radin Anum, Bandar Baru Sri Petaling,
57000 Kuala Lumpur, Malaysia.
電話：(603)9057-8822　傳真：(603)9057-6622　email: cite@cite.com.my

封面設計／黃聖文　內文設計暨排版／無私設計・洪偉傑　印　刷／韋懋實業有限公司
總　經　銷／聯合發行股份有限公司　電話：(02) 2917-8022　傳真：(02) 2911-0053
地址：新北市231新店區寶橋路235巷6弄6號2樓

ISBN／978-986-272-914-4
定價／300元

城邦讀書花園
www.cite.com.tw

2015年11月5日初版1刷
2016年1月4日初版3刷